Ganadera

I0469786

Fundo

Propietario

Ubicación

Corral

Año

Instrucciones para el uso Intar Ganadera Vacunos

Nº de Vacas en producción	
2 Ordeños	En secado

Nº DE VACAS EN PRODUCCIÓN: Registre el número de vacas en ordeño.
2 Ordeños: Se refiere a aquellos animales que son ordeñados de forma regular dos veces al día, o que están en plena lactancia. **En Secado:** Se refiere a aquellos animales que están en secado bien sea intermitente o en arresto. En caso de Ud. realizar 1 ordeño o más de 2 ordeños, registre el número de vacas en plena producción en la celda 2 ordeños.

Producción de Leche		
am.	pm.	Total

PRODUCCIÓN DE LECHE: registre la producción de leche en la mañana (am) y en la tarde (pm) y el total de la producción del día. En caso de solo realizar 1 ordeño, registre solo en la casilla correspondiente.

Potrero en ocupación		
Identificación	Especie	Día de ocup.

POTRERO EN OCUPACIÓN: existen 3 celdas para información. **Identificación:** registre la identificación o número del potrero en la cual está pastoreando el rebaño lechero ese día. **Especie:** Se refiere a la especie dominante del pasto en el potrero en la cual el rebaño lechero está pastoreando. **Día de Ocup.:** Se refiere al día de ocupación del potrero. Es decir, si Ud. ha realizado un cronograma de rotación de potreros en pastoreo, y el potrero en ocupación está destinado a ser ocupado por dos días, pero es el primer día de ocupación, Ud. registrara 1/2. Si es el segundo día Ud. registrara 2/2. En caso de ser solo 1 día de ocupación, Ud. registrará 1/1.

Partos

Identificación Hembra	Condición Corporal	Cría			Observaciones
		Sexo	Indentificación	Peso	

PARTOS: Este cuadro ha sido diseñado para registrar los datos de partos de las vacas o hembras. **Identificación Hembra:** Escriba la identificación del animal que desea registrar el evento. Bien sea número, letras y números o nombre. **Condición Corporal:** se refiere a la evaluación de la condición corporal del animal en el momento del parto. La clasificación de la condición corporal es subjetiva y según la metodología puede ser un puntaje que va de 1 a 5 o de 1 a 10. En la cual 1 es muy delgado o descarnada y 5 muy gorda. Todo según su país o región. **Cría:** Este espacio está reservado para que se registre la información de la Cría. **Sexo:** Registre el sexo de la cría recién nacida (Hembra o Macho M-H). **Identificación:** Registre la información que le corresponde a la cría recién nacida. **Peso:** registre el peso al nacer de la cría. **Observaciones:** Registre cualquier información adicional de interés.

Servicios

Identificación Hembra	Identificación Reproductor	Técnico Inseminador	Identificación Hembra	Identificación Reproductor	Técnico Inseminador

SERVICIOS: Estos cuadros están diseñados para el registro de la información de servicios bien sea a través de monta natural controlada o no, o por inseminación artificial. Se ofrece la posibilidad de registrar hasta 6 servicios por día y por corral. **Identificación Hembra:** Registre el numero o nombre que identifica la hembra servida. **Identificación Reproductor:** en caso de que el servicio haya sido por monta natural o libre, registre el número o identificación del reproductor o Toro. **Técnico Inseminador:** en caso de que el servicio haya sido por Inseminación Artificial, registre el nombre o iniciales del Técnico de Inseminación que realizo el servicio.

Secados - Destetes

Identificación Hembra	Cría		
	Sexo	Indentficación	Peso

Identificación Hembra	Cría		
	Sexo	Indentficación	Peso

SECADOS-DESTETES: estos espacios están diseñados para el registro de la información de los secados de vacas y consecuentemente los destetes de sus becerros. **Identificación Hembra:** Registre la identificación o nombre del animal a secar y/o enviar al lote de espera. **Sexo:** registre el sexo de la cría a destetar. **Identificación:** registre la identificación o nombre de la cría a destetar. **Peso:** registre el peso de la cría al momento del destete. Esta información le permite, junto a la información del peso al nacer, conocer la ganancia de peso de la cría durante su lactancia y/o peso al destete.

Muertes

Jóvenes			
Identificación	Sexo	Identificación	Sexo

Jóvenes			
Identificación	Sexo	Identificación	Sexo

MUERTES: Registre las muertes ocurridas en animales jóvenes o adultos. **Identificación:** Registre el numero o nombre del animal. **Sexo:** registre el sexo del animal muerto.

Comentarios: _____

_____

_____

COMENTARIOS: En este espacio puede registrar datos diversos de interés, completar información que considere necesaria, etc.

PLANILLAS DE RESUMENES MENSUALES

PLANILLA DE REGISTRO CUANTITATIVO: Esta planilla ha sido diseñada para resumir los datos cuantitativos de los eventos presentados durante el mes que recién ha culminado, y de esta manera pueda Ud. obtener una información resumida mensual. Para completar esta planilla, es necesario que Ud. realice una sumatoria de cada uno de los eventos ocurridos en cada día del mes. **Día:** Se refiere al día del mes en la cual ocurrió el evento. Hembras Paridas. Se refiere al número de vacas que parieron ese día del mes. **Nacimientos:** registre el número de crias nacidas si fueron machos o hembras durante el día correspondiente. **Hembras Secadas:** Registre el número de vacas secadas el día correspondiente. **Terneros destetados:** se refiere al número de terneros destetados el día correspondiente. **Mortalidad Adultos:** registre el número de muertes en adulto ocurridas en el mes. **Mortalidad Jóvenes:** registre el número de animales jóvenes muertos durante el mes, adicionalmente puede clasificar el número según haya sido hembra o machos. **Ventas:** registre el número de animales vendidos. **Compras:** registre el número de animales comprados durante el mes. **Total:** Totalice a través de una sumatoria al final de cada columna para obtener el resumen mensual de cada evento.

CONTROL MENSUAL DEL REBAÑO: Esta planilla ha sido diseñada para el control del rebaño a través de una auditoria mensual producto de un inventario inicial, movimientos e inventario de cierre. En la columna vertical existen celdas que describen los eventos ocurridos, y en las columnas horizontales se describen las categorías o grupos etarios del rebaño. Consta de registro inicial, entradas (nacimientos y ventas), salidas (ventas y muertes)e estado o cambios de categorías (novillas o vaquillas que pasan a vacas, vacas escoteras o en espera a vacas en producción, terneros lactantes a terneros destetados, etc.) Existencia Anterior: se refiere al número de animales iniciales que presenta Ud. registrado según las categorías. Para ello debe realizar un inventario inicial al inicio del mes por categorías de animales o grupos etarios. Nacimientos: registre los nacimientos ocurridos durante el mes. Para ello debe apoyarse en la planilla de eventos cuantitativos del mes o planilla anterior. Esta información solo debe ser registrada en las celdas de terneros lactantes H o M. Es un dato numérico positivo. **Compras:** Registre si se realizaron compras de animales en cualquiera de las categorías de las columnas horizontales. Este dato genera sumatoria al número de animales del rebaño, es decir, es un dato numérico positivo. **Mortalidad:** registre las muertes ocurridas en cada categoría. Es un dato numérico negativo. (coloque este número en negativo -) **Ventas:** registre si se registraron ventas de animales en cualquiera de las categorías. Este dato genera una sustracción o resta de las cantidades de animales, es decir, es un dato numérico negativo. (coloque este número en negativo -) **Cambio de Estado:** Se refiere a los cambios de categorías del rebaño. Por ejemplo; Las hembra en producción (Prod.) durante el mes pueden pasar a vacas secas o en espera y las vacas secas o en espera, al parir, pueden pasar a vacas en producción. En ese caso Ud. debe colocar un número en negativo cuando cambia de estado o sustrae a un animal o grupo de animales de alguna de las categorías, y realiza una sumatoria en el grupo en la cual la incorpora. **Por ejemplo:** si en el inventario inicial del rebaño, existían 90 vacas en producción, y durante el mes Ud. procedió al secado a 4 vacas, Ud. sustrae o resta 4 vacas del lote de vacas en producción (coloca el número 4 en negativo -4) y las incorpora o suma 4 vacas en el lote de vacas en espera o secas y coloca el número 4, el cual por defecto es negativo), y así en cada categoría de animales. Este elemento es importante porque conocer los cambios de estado, le permite conocer el movimiento de sus animales, no solo conocer el dato cuantitativo. **Balance:** al realizar la colocación de todos los datos numéricos, realice una sumatoria de los datos y totalice para cada categoría el total de animales que deben existir. Si al haber realizado el inventario físico del rebaño, los números No coinciden, debe realizarse una revisión general o auditoria, de tal manera que tenga la seguridad de que los eventos ocurridos en su rebaño han sido adecuadamente supervisados.

En la columna horizontal existe la celda Total y esta subdividida en dos celdas: Cabezas: se refiere a los datos del total de animales según el inventario, independientemente de su categoría. Para ello totalice todas las celdas horizontales de cada categoría. **U.A.:** se refiere a Unidad Animal. Este dato técnico le permite conocer si la capacidad de sustentación de su finca o hato está ajustada o no. Es decir, si en la extensión o tamaño de su propiedad, posee la cantidad de animales que debe ocupar según la extensión de su finca o hato. Para obtener este dato, por categoría de animal, multiplique el número de animales por su peso promedio y lo divide entre 450 Kg. o el peso que Ud. considere como Unidad Animal (UA), según su país o región. Este dato es únicamente para Existencia Anterior y para Balance. Posteriormente realiza una sumatoria del total para cada categoría. Luego, en la última celda superior derecha y la última celda inferior derecha, coloque la sumatoria de la operación antes descrita y totalice.

CONTROL DE PRÁCTICAS SANITARIAS: Esta planilla presenta tres cuadros para la información del control sanitario de su rebaño. Vacunas, Control Parasitario y Pruebas Díagnósticas.

Vacunas: en la columna vertical están descritas algunas vacunas y algunas celdas en blanco para que incluya otras vacunas; según la incidencia de la enfermedad, recomendaciones de su Médico Veterinario o por solicitud de las autoridades sanitarias de su país o región. **Fecha Vacunación:** se refiere a la fecha en la cual se realizó la vacunación de su rebaño, o en caso de que requirió más de un día, coloque la fecha de culminación de la vacunación de todo su rebaño. **N° dosis:** esta sub-dividido en **Adultos:** se refiere al número de animales o dosis que suministró en los adultos. **Jóvenes:** registre el número de dosis o animales inmunizados según el sexo en machos y hembras. Luego existen unos datos que permite registrar la información para la certificación de la vacunación según su país o región. **Laboratorio:** se refiere al nombre del laboratorio que elaboro la vacuna. **Lote N°:** se refiere al lote de fabricación de la vacuna, y generalmente este dato está impreso en la etiqueta del envase de la vacuna. **Fecha de vencimiento de la vacuna:** se refiere a la fecha de vencimiento de la vacuna, la cual varía según el fabricante y las normas sanitarias de su país o región. Este dato generalmente está impreso en la etiqueta del envase de la vacuna.

Control Parasitario: les presentamos celdas para el registro del control de parásitos de tres tipos. Endoparásitos o parásitos internos (parásitos intestinales, pulmonares, etc.). Ectoparásitos o parásitos externos (garrapatas, moscas, tábanos, etc.) y Agentes Hemotropicos (anaplasma, babesias, tripanosomas y otros parásitos sanguíneos presentes según su región o país) Fecha: registre la fecha de la aplicación del tratamiento. **Dosis:** registre el número de animales a la cual le administró el tratamiento en adultos y/o jóvenes. **Vía de administración:** se refiere a si administro el tratamiento vía intravenosa, tópica o por aspersión, subcutáneo, intramuscular, pour-on, etc. **Fecha de Repetición:** se refiere a la fecha en la cual debe repetir el tratamiento de control según las recomendaciones de su Médico Veterinario o según las autoridades sanitarias de su región o país.

Pruebas Díagnósticas: se presentan celdas para el registro de tres pruebas díagnósticas de enfermedades de alta incidencia que requieren un control estricto según la incidencia en su país o región. Si en su país o región, la prueba de la enfermedad no aplica ya que no existe o esta erradicada, simplemente no utilice esta celda. **Prueba de Brucelosis:** existen celdas para los datos de fecha de aplicación, N° de pruebas en adultos y jóvenes, numero de reacciones positivas o animales que reaccionaron positivamente a la prueba y fecha de repetición de la prueba. Prueba de Tuberculina. Se refiere a la prueba para la detección de animales con tuberculosis bovina. **Prueba de Mastitis:** es para el registro de las pruebas rutinarias de detección de mastitis sub-clínica, bien sea a través de las pruebas CMT, Wisconsin, y/o pruebas complementarias.

RESUMEN MENSUAL DE PRODUCCION Y EVENTOS POR MES: Esta planilla ha sido diseñada para que Ud. obtenga datos técnicos básicos y sencillos de los eventos más importantes registrados durante el mes.

Producción de Leche: le presentamos varias celdas que le permitirá obtener algunos datos técnicos o índices de producción de interés. **Producción Total L:** realice una sumatoria de la producción total de leche registrada las hojas diarias de eventos en cada día del mes. N° días: coloque el número de días que tiene el mes en cuestión. **Producción Prom./día:** se refiere a la producción promedio por día. **Para ello utilice la siguiente formula:** Producción Prom./día= Producción Total L/días del mes. **N° Prom. Vacas Ord./día:** significa numero promedio de vacas ordeñadas diariamente. Este dato se obtiene en las celdas de la hoja diaria de eventos llamada N° de vacas en producción y debe incluir todas las vacas (2 ordeños y en secado), de tal manera que permita obtener un dato real que incluya a todos los animales para obtener este índice, debe sumar todas las vacas ordeñadas durante el mes y las divide entre el número de días del mes correspondiente. Es decir, N° Prom. vacas Ord./día= Total N° vacas en producción/ días del mes. **Producción/Vaca/Ordeño/Día:** este índice le permite obtener cual es el promedio de producción diaria de su rebaño lechero, incluyendo las vacas en secado durante el mes correspondiente. Es un índice real de su producción.

Venta de Carne: este cuadro le permitirá registrar la cantidad de animales vendidos para carne, Kg totales por categoría, precio de venta, total ingresos por categoría y totales generales.

Partos: registre el total de partos del mes. Para ello se puede apoyar en la planilla cuantitativa de eventos.

Secados: registre el total de secados del mes. Para ello se puede apoyar en la planilla cuantitativa de eventos.

Nacimientos: registre el total de nacimientos de Machos y Hembras durante el mes. Para ello se puede apoyar en la planilla cuantitativa de eventos.

Servicios: registre el total de servicios realizados durante el mes. Totalice los que se realizaron por monta natural o por Inseminación artificial. Para obtener este dato, realice una sumatoria según los datos registrados en las hojas de eventos diarios. Luego totalice ambos.

Muertes: registre la información de muertes según la categoría.

Comentarios: En este espacio puede registrar datos diversos de interés, completar información que considere necesaria, etc.

RESUMEN ANUAL DE PRODUCCION Y EVENTOS Esta planilla ha sido diseñada para que Ud. obtenga datos técnicos básicos y sencillos de los eventos más importantes registrados durante el año.

Producción de Leche: le presentamos varias celdas que le permitirá obtener algunos datos técnicos o índices de producción de interés. Producción Total L: realice una sumatoria de la producción total de leche registrada en las planillas de resumen mensual de producción y eventos, y los divide entre los meses del año. N° días: coloque el número de meses que tiene el año (12). Producción Prom./día: se refiere a la producción promedio por día de todo el año. Para ello realice una sumatoria de los datos mensuales y los divide entre los meses del año. N° Prom. Vacas Ord./día: significa número promedio de vacas ordeñadas diariamente durante el año. Este dato se obtiene realizando una sumatoria de los resultados de estos datos mensuales y los divide entre los meses del año. **Producción/Vaca/Ordeño/Día:** este índice le permite obtener cual es el promedio de producción díaria de su rebaño lechero, incluyendo las vacas en secado durante el año. Para obtener este dato realice una sumatoria de todos los resultados mensuales y los divide entre los 12 meses del año, para obtener el promedio anual.

Venta de Carne: este cuadro le permitirá registrar la cantidad de animales vendidos para carne, Kg. totales por categoría, precio de venta, total ingresos por categoría y totales generales. Realice una sumatoria de todos los meses y totalice.

Partos: registre el total de partos del año. Realice una sumatoria de todos los meses y totalice.

Secados: registre el total de secados del año. Realice una sumatoria de todos los meses y totalice.
Nacimientos: registre el total de nacimientos de Machos y Hembras durante el año. Realice una sumatoria de todos los meses del año y totalice.

Servicios: registre el total de servicios realizados durante el año. Totalice los que se realizaron por monta natural o por Inseminación artificial. Para obtener este dato realice una sumatoria de todos los meses y totalice.

Muertes: registre la información de muertes según la categoría en cada mes y totalice.

Comentarios: En este espacio puede registrar datos diversos de interés, completar información que considere necesaria, etc.

1 de Enero

Nº de Vacas en producción	
2 Ordeños	En secado

Producción de Leche		
am.	pm.	Total

Potrero en ocupación		
Identificación	Especie	Día de ocup.

Partos

Identificación Hembra	Condición Corporal	Cría			Observaciones
		Sexo	Indentificación	Peso	

Servicios

Identificación Hembra	Identificación Reproductor	Técnico Inseminador	Identificación Hembra	Identificación Reproductor	Técnico Inseminador

Secados - Destetes

Identificación Hembra	Cría			Identificación Hembra	Cría		
	Sexo	Indentficación	Peso		Sexo	Indentficación	Peso

Muertes

Jóvenes				Jóvenes			
Identificación	Sexo	Identificación	Sexo	Identificación	Sexo	Identificación	Sexo

Comentarios: _____

_____

_____

 **intar** Ganadera

2 ^{de} Enero

N° de Vacas en producción	
2 Ordeños	En secado

Producción de Leche		
am.	pm.	Total

Potrero en ocupación		
Identificación	Especie	Día de ocup.

Partos

Identificación Hembra	Condición Corporal	Cría			Observaciones
		Sexo	Indentificación	Peso	

Servicios

Identificación Hembra	Identificación Reproductor	Técnico Inseminador

Identificación Hembra	Identificación Reproductor	Técnico Inseminador

Secados - Destetes

Identificación Hembra	Cría		
	Sexo	Indentficación	Peso

Identificación Hembra	Cría		
	Sexo	Indentficación	Peso

Muertes

Jóvenes			
Identificación	Sexo	Identificación	Sexo

Jóvenes			
Identificación	Sexo	Identificación	Sexo

Comentarios: _____

_____

_____

3 ^{de} Enero

Nº de Vacas en producción	
2 Ordeños	En secado

Producción de Leche		
am.	pm.	Total

Potrero en ocupación		
Identificación	Especie	Día de ocup.

Partos

Identificación Hembra	Condición Corporal	Cría			Observaciones
		Sexo	Indentificación	Peso	

Servicios

Identificación Hembra	Identificación Reproductor	Técnico Inseminador

Identificación Hembra	Identificación Reproductor	Técnico Inseminador

Secados - Destetes

Identificación Hembra	Cría		
	Sexo	Indentficación	Peso

Identificación Hembra	Cría		
	Sexo	Indentficación	Peso

Muertes

Jóvenes			
Identificación	Sexo	Identificación	Sexo

Jóvenes			
Identificación	Sexo	Identificación	Sexo

Comentarios: _____

_____

_____

ŏ intar Ganadera

4 de Enero

Nº de Vacas en producción	
2 Ordeños	En secado

Producción de Leche		
am.	pm.	Total

Potrero en ocupación		
Identificación	Especie	Día de ocup.

Partos

Identificación Hembra	Condición Corporal	Cría			Observaciones
		Sexo	Indentificación	Peso	

Servicios

Identificación Hembra	Identificación Reproductor	Técnico Inseminador

Identificación Hembra	Identificación Reproductor	Técnico Inseminador

Secados - Destetes

Identificación Hembra	Cría		
	Sexo	Indentficación	Peso

Identificación Hembra	Cría		
	Sexo	Indentficación	Peso

Muertes

Jóvenes			
Identificación	Sexo	Identificación	Sexo

Jóvenes			
Identificación	Sexo	Identificación	Sexo

Comentarios: _____

_____

_____

5 de Enero

Nº de Vacas en producción	
2 Ordeños	En secado

Producción de Leche		
am.	pm.	Total

Potrero en ocupación		
Identificación	Especie	Día de ocup.

Partos

Identificación Hembra	Condición Corporal	Cría			Observaciones
		Sexo	Indentificación	Peso	

Servicios

Identificación Hembra	Identificación Reproductor	Técnico Inseminador	Identificación Hembra	Identificación Reproductor	Técnico Inseminador

Secados - Destetes

Identificación Hembra	Cría			Identificación Hembra	Cría		
	Sexo	Indentficación	Peso		Sexo	Indentficación	Peso

Muertes

Jóvenes				Jóvenes			
Identificación	Sexo	Identificación	Sexo	Identificación	Sexo	Identificación	Sexo

Comentarios: _____

_____

_____

 **Intar** Ganadera

6 Enero
de

Nº de Vacas en producción	
2 Ordeños	En secado

Producción de Leche				Potrero en ocupación		
am.	pm.	Total		Identificación	Especie	Día de ocup.

Partos

Identificación Hembra	Condición Corporal	Cría			Observaciones
		Sexo	Indentificación	Peso	

Servicios

Identificación Hembra	Identificación Reproductor	Técnico Inseminador	Identificación Hembra	Identificación Reproductor	Técnico Inseminador

Secados - Destetes

Identificación Hembra	Cría			Identificación Hembra	Cría		
	Sexo	Indentficación	Peso		Sexo	Indentficación	Peso

Muertes

Jóvenes				Jóvenes			
Identificación	Sexo	Identificación	Sexo	Identificación	Sexo	Identificación	Sexo

Comentarios: _____

_____

_____

7 de Enero

Nº de Vacas en producción	
2 Ordeños	En secado

Producción de Leche		
am.	pm.	Total

Potrero en ocupación		
Identificación	Especie	Día de ocup.

Partos

Identificación Hembra	Condición Corporal	Cría			Observaciones
		Sexo	Indentificación	Peso	

Servicios

Identificación Hembra	Identificación Reproductor	Técnico Inseminador	Identificación Hembra	Identificación Reproductor	Técnico Inseminador

Secados - Destetes

Identificación Hembra	Cría			Identificación Hembra	Cría		
	Sexo	Indentficación	Peso		Sexo	Indentficación	Peso

Muertes

Jóvenes				Jóvenes			
Identificación	Sexo	Identificación	Sexo	Identificación	Sexo	Identificación	Sexo

Comentarios: _____

_____

_____

 **intar** Ganadera

8 de Enero

Nº de Vacas en producción	
2 Ordeños	En secado

Producción de Leche		
am.	pm.	Total

Potrero en ocupación		
Identificación	Especie	Día de ocup.

Partos

Identificación Hembra	Condición Corporal	Cría			Observaciones
		Sexo	Indentificación	Peso	

Servicios

Identificación Hembra	Identificación Reproductor	Técnico Inseminador

Identificación Hembra	Identificación Reproductor	Técnico Inseminador

Secados - Destetes

Identificación Hembra	Cría		
	Sexo	Indentficación	Peso

Identificación Hembra	Cría		
	Sexo	Indentficación	Peso

Muertes

Jóvenes			
Identificación	Sexo	Identificación	Sexo

Jóvenes			
Identificación	Sexo	Identificación	Sexo

Comentarios: _____
_____
_____

9 ^{de} Enero

Nº de Vacas en producción	
2 Ordeños	En secado

Producción de Leche		
am.	pm.	Total

Potrero en ocupación		
Identificación	Especie	Día de ocup.

Partos

Identificación Hembra	Condición Corporal	Cría			Observaciones
		Sexo	Indentificación	Peso	

Servicios

Identificación Hembra	Identificación Reproductor	Técnico Inseminador

Identificación Hembra	Identificación Reproductor	Técnico Inseminador

Secados - Destetes

Identificación Hembra	Cría		
	Sexo	Indentficación	Peso

Identificación Hembra	Cría		
	Sexo	Indentficación	Peso

Muertes

Jóvenes			
Identificación	Sexo	Identificación	Sexo

Jóvenes			
Identificación	Sexo	Identificación	Sexo

Comentarios: _____

_____

_____

10 de Enero

Nº de Vacas en producción	
2 Ordeños	En secado

Producción de Leche				Potrero en ocupación		
am.	pm.	Total		Identificación	Especie	Día de ocup.

Partos

Identificación Hembra	Condición Corporal	Cría			Observaciones
		Sexo	Indentificación	Peso	

Servicios

Identificación Hembra	Identificación Reproductor	Técnico Inseminador	Identificación Hembra	Identificación Reproductor	Técnico Inseminador

Secados - Destetes

Identificación Hembra	Cría			Identificación Hembra	Cría		
	Sexo	Indentficación	Peso		Sexo	Indentficación	Peso

Muertes

Jóvenes				Jóvenes			
Identificación	Sexo	Identificación	Sexo	Identificación	Sexo	Identificación	Sexo

Comentarios: _____

_____

_____

11 ^{de} Enero

Nº de Vacas en producción	
2 Ordeños	En secado

Producción de Leche		
am.	pm.	Total

Potrero en ocupación		
Identificación	Especie	Día de ocup.

Partos

Identificación Hembra	Condición Corporal	Cría			Observaciones
		Sexo	Indentificación	Peso	

Servicios

Identificación Hembra	Identificación Reproductor	Técnico Inseminador	Identificación Hembra	Identificación Reproductor	Técnico Inseminador

Secados - Destetes

Identificación Hembra	Cría			Identificación Hembra	Cría		
	Sexo	Indentficación	Peso		Sexo	Indentficación	Peso

Muertes

Jóvenes				Jóvenes			
Identificación	Sexo	Identificación	Sexo	Identificación	Sexo	Identificación	Sexo

Comentarios: _____

_____

_____

12 de Enero

N° de Vacas en producción	
2 Ordeños	En secado

Producción de Leche		
am.	pm.	Total

Potrero en ocupación		
Identificación	Especie	Día de ocup.

Partos

Identificación Hembra	Condición Corporal	Cría			Observaciones
		Sexo	Indentificación	Peso	

Servicios

Identificación Hembra	Identificación Reproductor	Técnico Inseminador

Identificación Hembra	Identificación Reproductor	Técnico Inseminador

Secados - Destetes

Identificación Hembra	Cría		
	Sexo	Indentficación	Peso

Identificación Hembra	Cría		
	Sexo	Indentficación	Peso

Muertes

Jóvenes			
Identificación	Sexo	Identificación	Sexo

Jóvenes			
Identificación	Sexo	Identificación	Sexo

Comentarios: _____
_____
_____

13 ^{de} Enero

Nº de Vacas en producción	
2 Ordeños	En secado

Producción de Leche		
am.	pm.	Total

Potrero en ocupación		
Identificación	Especie	Día de ocup.

Partos

Identificación Hembra	Condición Corporal	Cría			Observaciones
		Sexo	Indentificación	Peso	

Servicios

Identificación Hembra	Identificación Reproductor	Técnico Inseminador	Identificación Hembra	Identificación Reproductor	Técnico Inseminador

Secados - Destetes

Identificación Hembra	Cría			Identificación Hembra	Cría		
	Sexo	Indentficación	Peso		Sexo	Indentficación	Peso

Muertes

Jóvenes				Jóvenes			
Identificación	Sexo	Identificación	Sexo	Identificación	Sexo	Identificación	Sexo

Comentarios: _____

_____

_____

intar Ganadera

14 ^{de} Enero

Nº de Vacas en producción	
2 Ordeños	En secado

Producción de Leche		
am.	pm.	Total

Potrero en ocupación		
Identificación	Especie	Día de ocup.

Partos

Identificación Hembra	Condición Corporal	Cría			Observaciones
		Sexo	Indentificación	Peso	

Servicios

Identificación Hembra	Identificación Reproductor	Técnico Inseminador	Identificación Hembra	Identificación Reproductor	Técnico Inseminador

Secados - Destetes

Identificación Hembra	Cría			Identificación Hembra	Cría		
	Sexo	Indentficación	Peso		Sexo	Indentficación	Peso

Muertes

Jóvenes				Jóvenes			
Identificación	Sexo	Identificación	Sexo	Identificación	Sexo	Identificación	Sexo

Comentarios: _____

_____

_____

15 de Enero

Nº de Vacas en producción	
2 Ordeños	En secado

Producción de Leche				Potrero en ocupación		
am.	pm.	Total		Identificación	Especie	Día de ocup.

Partos

Identificación Hembra	Condición Corporal	Cría			Observaciones
		Sexo	Indentificación	Peso	

Servicios

Identificación Hembra	Identificación Reproductor	Técnico Inseminador	Identificación Hembra	Identificación Reproductor	Técnico Inseminador

Secados - Destetes

Identificación Hembra	Cría			Identificación Hembra	Cría		
	Sexo	Indentficación	Peso		Sexo	Indentficación	Peso

Muertes

Jóvenes				Jóvenes			
Identificación	Sexo	Identificación	Sexo	Identificación	Sexo	Identificación	Sexo

Comentarios: _____

_____

_____

ᕗ intar Ganadera

16 ^{de} Enero

Nº de Vacas en producción	
2 Ordeños	En secado

Producción de Leche		
am.	pm.	Total

Potrero en ocupación		
Identificación	Especie	Día de ocup.

Partos

Identificación Hembra	Condición Corporal	Cría			Observaciones
		Sexo	Indentificación	Peso	

Servicios

Identificación Hembra	Identificación Reproductor	Técnico Inseminador	Identificación Hembra	Identificación Reproductor	Técnico Inseminador

Secados - Destetes

Identificación Hembra	Cría			Identificación Hembra	Cría		
	Sexo	Indentficación	Peso		Sexo	Indentficación	Peso

Muertes

Jóvenes				Jóvenes			
Identificación	Sexo	Identificación	Sexo	Identificación	Sexo	Identificación	Sexo

Comentarios: _____

_____

_____

17 de Enero

Nº de Vacas en producción	
2 Ordeños	En secado

Producción de Leche		
am.	pm.	Total

Potrero en ocupación		
Identificación	Especie	Día de ocup.

Partos

Identificación Hembra	Condición Corporal	Cría			Observaciones
		Sexo	Indentificación	Peso	

Servicios

Identificación Hembra	Identificación Reproductor	Técnico Inseminador	Identificación Hembra	Identificación Reproductor	Técnico Inseminador

Secados - Destetes

Identificación Hembra	Cría			Identificación Hembra	Cría		
	Sexo	Indentficación	Peso		Sexo	Indentficación	Peso

Muertes

Jóvenes				Jóvenes			
Identificación	Sexo	Identificación	Sexo	Identificación	Sexo	Identificación	Sexo

Comentarios: _____
_____
_____

Ⴎ ɪɴᴛᴀʀ Ganadera

18 de Enero

Nº de Vacas en producción	
2 Ordeños	En secado

Producción de Leche				Potrero en ocupación		
am.	pm.	Total		Identificación	Especie	Día de ocup.

Partos

Identificación Hembra	Condición Corporal	Cría			Observaciones
		Sexo	Indentificación	Peso	

Servicios

Identificación Hembra	Identificación Reproductor	Técnico Inseminador	Identificación Hembra	Identificación Reproductor	Técnico Inseminador

Secados - Destetes

Identificación Hembra	Cría			Identificación Hembra	Cría		
	Sexo	Indentficación	Peso		Sexo	Indentficación	Peso

Muertes

Jóvenes				Jóvenes			
Identificación	Sexo	Identificación	Sexo	Identificación	Sexo	Identificación	Sexo

Comentarios: _____

_____

_____

19 ^{de} Enero

N° de Vacas en producción	
2 Ordeños	En secado

Producción de Leche		
am.	pm.	Total

Potrero en ocupación		
Identificación	Especie	Día de ocup.

Partos

Identificación Hembra	Condición Corporal	Cría			Observaciones
		Sexo	Indentificación	Peso	

Servicios

Identificación Hembra	Identificación Reproductor	Técnico Inseminador	Identificación Hembra	Identificación Reproductor	Técnico Inseminador

Secados - Destetes

Identificación Hembra	Cría			Identificación Hembra	Cría		
	Sexo	Indentficación	Peso		Sexo	Indentficación	Peso

Muertes

Jóvenes				Jóvenes			
Identificación	Sexo	Identificación	Sexo	Identificación	Sexo	Identificación	Sexo

Comentarios: _____

_____

_____

ᴜɪɴᴛᴀʀ Ganadera

20 de Enero

Nº de Vacas en producción	
2 Ordeños	En secado

Producción de Leche		
am.	pm.	Total

Potrero en ocupación		
Identificación	Especie	Día de ocup.

Partos

Identificación Hembra	Condición Corporal	Cría			Observaciones
		Sexo	Indentificación	Peso	

Servicios

Identificación Hembra	Identificación Reproductor	Técnico Inseminador

Identificación Hembra	Identificación Reproductor	Técnico Inseminador

Secados - Destetes

Identificación Hembra	Cría		
	Sexo	Indentficación	Peso

Identificación Hembra	Cría		
	Sexo	Indentficación	Peso

Muertes

Jóvenes			
Identificación	Sexo	Identificación	Sexo

Jóvenes			
Identificación	Sexo	Identificación	Sexo

Comentarios: _____

_____

_____

21 de Enero

Nº de Vacas en producción	
2 Ordeños	En secado

Producción de Leche		
am.	pm.	Total

Potrero en ocupación		
Identificación	Especie	Día de ocup.

Partos

Identificación Hembra	Condición Corporal	Cria			Observaciones
		Sexo	Indentificación	Peso	

Servicios

Identificación Hembra	Identificación Reproductor	Técnico Inseminador	Identificación Hembra	Identificación Reproductor	Técnico Inseminador

Secados - Destetes

Identificación Hembra	Cría			Identificación Hembra	Cría		
	Sexo	Indentficación	Peso		Sexo	Indentficación	Peso

Muertes

Jóvenes				Jóvenes			
Identificación	Sexo	Identificación	Sexo	Identificación	Sexo	Identificación	Sexo

Comentarios: _____

_____

_____

INTA Ganadera

22 ^{de} Enero

Nº de Vacas en producción	
2 Ordeños	En secado

Producción de Leche		
am.	pm.	Total

Potrero en ocupación		
Identificación	Especie	Día de ocup.

Partos

Identificación Hembra	Condición Corporal	Cría			Observaciones
		Sexo	Indentificación	Peso	

Servicios

Identificación Hembra	Identificación Reproductor	Técnico Inseminador

Identificación Hembra	Identificación Reproductor	Técnico Inseminador

Secados - Destetes

Identificación Hembra	Cría		
	Sexo	Indentficación	Peso

Identificación Hembra	Cría		
	Sexo	Indentficación	Peso

Muertes

Jóvenes			
Identificación	Sexo	Identificación	Sexo

Jóvenes			
Identificación	Sexo	Identificación	Sexo

Comentarios: _____

_____

_____

23 de Enero

Nº de Vacas en producción	
2 Ordeños	En secado

Producción de Leche			
am.	pm.	Total

Potrero en ocupación		
Identificación	Especie	Día de ocup.

Partos

Identificación Hembra	Condición Corporal	Cría			Observaciones
		Sexo	Indentificación	Peso	

Servicios

Identificación Hembra	Identificación Reproductor	Técnico Inseminador	Identificación Hembra	Identificación Reproductor	Técnico Inseminador

Secados - Destetes

Identificación Hembra	Cría			Identificación Hembra	Cría		
	Sexo	Indentficación	Peso		Sexo	Indentficación	Peso

Muertes

Jóvenes				Jóvenes			
Identificación	Sexo	Identificación	Sexo	Identificación	Sexo	Identificación	Sexo

Comentarios: _____

_____

_____

24 de Enero

Nº de Vacas en producción	
2 Ordeños	En secado

Producción de Leche				Potrero en ocupación		
am.	pm.	Total		Identificación	Especie	Día de ocup.

Partos

Identificación Hembra	Condición Corporal	Cría			Observaciones
		Sexo	Indentificación	Peso	

Servicios

Identificación Hembra	Identificación Reproductor	Técnico Inseminador	Identificación Hembra	Identificación Reproductor	Técnico Inseminador

Secados - Destetes

Identificación Hembra	Cría			Identificación Hembra	Cría		
	Sexo	Indentficación	Peso		Sexo	Indentficación	Peso

Muertes

Jóvenes				Jóvenes			
Identificación	Sexo	Identificación	Sexo	Identificación	Sexo	Identificación	Sexo

Comentarios: _____

_____

_____

25 ^{de} Enero

N° de Vacas en producción	
2 Ordeños	En secado

Producción de Leche		
am.	pm.	Total

Potrero en ocupación		
Identificación	Especie	Día de ocup.

Partos

Identificación Hembra	Condición Corporal	Cría			Observaciones
		Sexo	Indentificación	Peso	

Servicios

Identificación Hembra	Identificación Reproductor	Técnico Inseminador	Identificación Hembra	Identificación Reproductor	Técnico Inseminador

Secados - Destetes

Identificación Hembra	Cría			Identificación Hembra	Cría		
	Sexo	Indentficación	Peso		Sexo	Indentficación	Peso

Muertes

Jóvenes				Jóvenes			
Identificación	Sexo	Identificación	Sexo	Identificación	Sexo	Identificación	Sexo

Comentarios: _____

_____

_____

 **intar** Ganadera

26 ^{de} Enero

Nº de Vacas en producción	
2 Ordeños	En secado

Producción de Leche		
am.	pm.	Total

Potrero en ocupación		
Identificación	Especie	Día de ocup.

Partos

Identificación Hembra	Condición Corporal	Cría			Observaciones
		Sexo	Indentificación	Peso	

Servicios

Identificación Hembra	Identificación Reproductor	Técnico Inseminador	Identificación Hembra	Identificación Reproductor	Técnico Inseminador

Secados - Destetes

Identificación Hembra	Cría			Identificación Hembra	Cría		
	Sexo	Indentficación	Peso		Sexo	Indentficación	Peso

Muertes

Jóvenes				Jóvenes			
Identificación	Sexo	Identificación	Sexo	Identificación	Sexo	Identificación	Sexo

Comentarios: _____

_____

_____

 **intar** Ganadera

27 ^{de} Enero

Nº de Vacas en producción	
2 Ordeños	En secado

Producción de Leche		
am.	pm.	Total

Potrero en ocupación		
Identificación	Especie	Día de ocup.

Partos

Identificación Hembra	Condición Corporal	Cría			Observaciones
		Sexo	Indentificación	Peso	

Servicios

Identificación Hembra	Identificación Reproductor	Técnico Inseminador	Identificación Hembra	Identificación Reproductor	Técnico Inseminador

Secados - Destetes

Identificación Hembra	Cría			Identificación Hembra	Cría		
	Sexo	Indentficación	Peso		Sexo	Indentficación	Peso

Muertes

Jóvenes				Jóvenes			
Identificación	Sexo	Identificación	Sexo	Identificación	Sexo	Identificación	Sexo

Comentarios: _____

_____

_____

28 de Enero

N° de Vacas en producción	
2 Ordeños	En secado

Producción de Leche		
am.	pm.	Total

Potrero en ocupación		
Identificación	Especie	Día de ocup.

Partos

Identificación Hembra	Condición Corporal	Cría			Observaciones
		Sexo	Indentificación	Peso	

Servicios

Identificación Hembra	Identificación Reproductor	Técnico Inseminador	Identificación Hembra	Identificación Reproductor	Técnico Inseminador

Secados - Destetes

Identificación Hembra	Cría			Identificación Hembra	Cría		
	Sexo	Indentficación	Peso		Sexo	Indentficación	Peso

Muertes

Jóvenes				Jóvenes			
Identificación	Sexo	Identificación	Sexo	Identificación	Sexo	Identificación	Sexo

Comentarios: _____

_____

_____

29 ^{de} Enero

Nº de Vacas en producción	
2 Ordeños	En secado

Producción de Leche				Potrero en ocupación		
am.	pm.	Total		Identificación	Especie	Día de ocup.

Partos

Identificación Hembra	Condición Corporal	Cría			Observaciones
		Sexo	Indentificación	Peso	

Servicios

Identificación Hembra	Identificación Reproductor	Técnico Inseminador		Identificación Hembra	Identificación Reproductor	Técnico Inseminador

Secados - Destetes

Identificación Hembra	Cría				Identificación Hembra	Cría		
	Sexo	Indentficación	Peso			Sexo	Indentficación	Peso

Muertes

Jóvenes					Jóvenes			
Identificación	Sexo	Identificación	Sexo		Identificación	Sexo	Identificación	Sexo

Comentarios: _____

_____

_____

ᗞ Inᴛᴀr Ganadera

30 de Enero

Nº de Vacas en producción	
2 Ordeños	En secado

Producción de Leche			Potrero en ocupación		
am.	pm.	Total	Identificación	Especie	Día de ocup.

Partos

Identificación Hembra	Condición Corporal	Cría			Observaciones
		Sexo	Indentificación	Peso	

Servicios

Identificación Hembra	Identificación Reproductor	Técnico Inseminador	Identificación Hembra	Identificación Reproductor	Técnico Inseminador

Secados - Destetes

Identificación Hembra	Cría			Identificación Hembra	Cría		
	Sexo	Indentficación	Peso		Sexo	Indentficación	Peso

Muertes

Jóvenes				Jóvenes			
Identificación	Sexo	Identificación	Sexo	Identificación	Sexo	Identificación	Sexo

Comentarios: _____

_____

_____

31 ^{de} Enero

Nº de Vacas en producción	
2 Ordeños	En secado

Producción de Leche		
am.	pm.	Total

Potrero en ocupación		
Identificación	Especie	Día de ocup.

Partos

Identificación Hembra	Condición Corporal	Cría			Observaciones
		Sexo	Indentificación	Peso	

Servicios

Identificación Hembra	Identificación Reproductor	Técnico Inseminador

Identificación Hembra	Identificación Reproductor	Técnico Inseminador

Secados - Destetes

Identificación Hembra	Cría		
	Sexo	Indentficación	Peso

Identificación Hembra	Cría		
	Sexo	Indentficación	Peso

Muertes

Jóvenes			
Identificación	Sexo	Identificación	Sexo

Jóvenes			
Identificación	Sexo	Identificación	Sexo

Comentarios: _____

_____

_____

Ganadera

Resumen de Eventos Diarios
(Registro Cuantitativo Enero)

Dia	Hembras Paridas	Nacimientos		Hembras Secadas	Terneros destetados		Mortalidad Adultos	Mortalidad jóvenes		Ventas	Compras
		M	H		M	H		M	H		
1											
2											
3											
4											
5											
6											
7											
8											
9											
10											
11											
12											
13											
14											
15											
16											
17											
18											
19											
20											
21											
22											
23											
24											
25											
26											
27											
28											
29											
30											
31											
To-tal											

Control Mensual del Rebaño

	Reproductores	Hembras		Novillos	Novillas	Terneros Destetados	Terneras Destetadas	Terneros lactantes		Total	
		Prod.	Secas					H	M	Cabezas	U.A.
Existencia Anterior											
Nacimientos											
Compras											
Mortalidad											
Ventas											
Cambio de Estado											
Balance											

Control de Prácticas Sanitarias

intar Ganadera

Enero

Vacunas	Fecha	N° Dosis Adultos	N° Dosis Jóvenes M	N° Dosis Jóvenes H	Fecha Vacunación	Laboratorio	Lote N°	Fecha Vencimiento de la Vacuna
Fiebre Aftosa								
Estomatitis Vesicular								
Brucelosis								
Clostridiales								
Leptospirosis								

Control Parasitario	Fecha	Dosis Adultos	Dosis Jóvenes	Vía Administración	Fecha de Repetición
Endoparasitos					
Ectoparasitos					
Agentes Hemotropicos					

Pruebas Diagnosticas	Fecha	N° de Pruebas Adultos	N° de Pruebas Jóvenes	N° de Reacciones Positivas	Fecha de Repetición de la prueba
P. Brucelosis					
P. Tuberculina					
P. Mastitis					

 **intar** Ganadera

Resumen Mensual Enero
(Producción y Eventos)

Venta	Producción Total (L)	Nº Días	Producción Prom./Día	Nº Prom.Vacas Ord./Día	Producciones Vaca/Ord./Día
Leche					

Venta de Carne	Nº Animales	Kg Totales	Precio Venta	Total Ingreso
Reproductores (Descarte)				
Hembras (Descarte)				
Novillos				
Novillas				
Terneros(as) Destetados				
Terneros(as) Lactantes				
Total General				

Evento	Total
Partos	

Evento	Nº Machos	Nº Hembras	Total
Nacimientos			

Evento	Inseminación Artificial Nº	Monta Natural Nº	Total
Servicios			

Evento	Reproductores	Hembras	Novillos Novillas	Terneros(as) Destetados	Terneros(as) Lactantes	Total
Muertes						

Comentarios: _____
_____
_____
_____
_____
_____

1 de Febrero

Nº de Vacas en producción	
2 Ordeños	En secado

Producción de Leche		
am.	pm.	Total

Potrero en ocupación		
Identificación	Especie	Día de ocup.

Partos

Identificación Hembra	Condición Corporal	Cría			Observaciones
		Sexo	Indentificación	Peso	

Servicios

Identificación Hembra	Identificación Reproductor	Técnico Inseminador

Identificación Hembra	Identificación Reproductor	Técnico Inseminador

Secados - Destetes

Identificación Hembra	Cría		
	Sexo	Indentficación	Peso

Identificación Hembra	Cría		
	Sexo	Indentficación	Peso

Muertes

Jóvenes			
Identificación	Sexo	Identificación	Sexo

Jóvenes			
Identificación	Sexo	Identificación	Sexo

Comentarios: _____
_____
_____

2 ^{de} Febrero

N° de Vacas en producción	
2 Ordeños	En secado

Producción de Leche		
am.	pm.	Total

Potrero en ocupación		
Identificación	Especie	Día de ocup.

Partos

Identificación Hembra	Condición Corporal	Cría			Observaciones
		Sexo	Indentificación	Peso	

Servicios

Identificación Hembra	Identificación Reproductor	Técnico Inseminador	Identificación Hembra	Identificación Reproductor	Técnico Inseminador

Secados - Destetes

Identificación Hembra	Cría			Identificación Hembra	Cría		
	Sexo	Indentficación	Peso		Sexo	Indentficación	Peso

Muertes

Jóvenes				Jóvenes			
Identificación	Sexo	Identificación	Sexo	Identificación	Sexo	Identificación	Sexo

Comentarios: _____

_____

_____

 **intar** Ganadera

3 ^{de} Febrero

Nº de Vacas en producción	
2 Ordeños	En secado

Producción de Leche		
am.	pm.	Total

Potrero en ocupación		
Identificación	Especie	Día de ocup.

Partos

Identificación Hembra	Condición Corporal	Cría			Observaciones
		Sexo	Indentificación	Peso	

Servicios

Identificación Hembra	Identificación Reproductor	Técnico Inseminador	Identificación Hembra	Identificación Reproductor	Técnico Inseminador

Secados - Destetes

Identificación Hembra	Cría			Identificación Hembra	Cría		
	Sexo	Indentficación	Peso		Sexo	Indentficación	Peso

Muertes

Jóvenes				Jóvenes			
Identificación	Sexo	Identificación	Sexo	Identificación	Sexo	Identificación	Sexo

Comentarios: _____

_____

_____

4 de Febrero

N° de Vacas en producción	
2 Ordeños	En secado

Producción de Leche		
am.	pm.	Total

Potrero en ocupación		
Identificación	Especie	Día de ocup.

Partos

Identificación Hembra	Condición Corporal	Cría			Observaciones
		Sexo	Indentificación	Peso	

Servicios

Identificación Hembra	Identificación Reproductor	Técnico Inseminador	Identificación Hembra	Identificación Reproductor	Técnico Inseminador

Secados - Destetes

Identificación Hembra	Cría			Identificación Hembra	Cría		
	Sexo	Indentficación	Peso		Sexo	Indentficación	Peso

Muertes

Jóvenes				Jóvenes			
Identificación	Sexo	Identificación	Sexo	Identificación	Sexo	Identificación	Sexo

Comentarios: _____

_____

_____

☩ **intar** Ganadera

5 ^{de} Febrero

Nº de Vacas en producción	
2 Ordeños	En secado

Producción de Leche			Potrero en ocupación		
am.	pm.	Total	Identificación	Especie	Día de ocup.

Partos

Identificación Hembra	Condición Corporal	Cría			Observaciones
		Sexo	Indentificación	Peso	

Servicios

Identificación Hembra	Identificación Reproductor	Técnico Inseminador	Identificación Hembra	Identificación Reproductor	Técnico Inseminador

Secados - Destetes

Identificación Hembra	Cría			Identificación Hembra	Cría		
	Sexo	Indentficación	Peso		Sexo	Indentficación	Peso

Muertes

Jóvenes				Jóvenes			
Identificación	Sexo	Identificación	Sexo	Identificación	Sexo	Identificación	Sexo

Comentarios: _____

_____

_____

 **intar** Ganadera

6 ^{de} Febrero

Nº de Vacas en producción	
2 Ordeños	En secado

Producción de Leche			Potrero en ocupación		
am.	pm.	Total	Identificación	Especie	Día de ocup.

Partos

Identificación Hembra	Condición Corporal	Cría			Observaciones
		Sexo	Indentificación	Peso	

Servicios

Identificación Hembra	Identificación Reproductor	Técnico Inseminador	Identificación Hembra	Identificación Reproductor	Técnico Inseminador

Secados - Destetes

Identificación Hembra	Cría			Identificación Hembra	Cría		
	Sexo	Indentficación	Peso		Sexo	Indentficación	Peso

Muertes

Jóvenes				Jóvenes			
Identificación	Sexo	Identificación	Sexo	Identificación	Sexo	Identificación	Sexo

Comentarios: _____

_____

_____

7 de Febrero

N° de Vacas en producción	
2 Ordeños	En secado

Producción de Leche		
am.	pm.	Total

Potrero en ocupación		
Identificación	Especie	Día de ocup.

Partos

Identificación Hembra	Condición Corporal	Cría			Observaciones
		Sexo	Indentificación	Peso	

Servicios

Identificación Hembra	Identificación Reproductor	Técnico Inseminador	Identificación Hembra	Identificación Reproductor	Técnico Inseminador

Secados - Destetes

Identificación Hembra	Cría			Identificación Hembra	Cría		
	Sexo	Indentficación	Peso		Sexo	Indentficación	Peso

Muertes

Jóvenes				Jóvenes			
Identificación	Sexo	Identificación	Sexo	Identificación	Sexo	Identificación	Sexo

Comentarios: _____

_____

_____

intar Ganadera

8 ^{de} Febrero

Nº de Vacas en producción	
2 Ordeños	En secado

Producción de Leche		
am.	pm.	Total

Potrero en ocupación		
Identificación	Especie	Día de ocup.

Partos

Identificación Hembra	Condición Corporal	Cría			Observaciones
		Sexo	Indentificación	Peso	

Servicios

Identificación Hembra	Identificación Reproductor	Técnico Inseminador

Identificación Hembra	Identificación Reproductor	Técnico Inseminador

Secados - Destetes

Identificación Hembra	Cría		
	Sexo	Indentficación	Peso

Identificación Hembra	Cría		
	Sexo	Indentficación	Peso

Muertes

Jóvenes			
Identificación	Sexo	Identificación	Sexo

Jóvenes			
Identificación	Sexo	Identificación	Sexo

Comentarios: _____

_____

_____

 **intar** Ganadera

9 ^{de} Febrero

N° de Vacas en producción	
2 Ordeños	En secado

Producción de Leche		
am.	pm.	Total

Potrero en ocupación		
Identificación	Especie	Día de ocup.

Partos

Identificación Hembra	Condición Corporal	Cría			Observaciones
		Sexo	Indentificación	Peso	

Servicios

Identificación Hembra	Identificación Reproductor	Técnico Inseminador	Identificación Hembra	Identificación Reproductor	Técnico Inseminador

Secados - Destetes

Identificación Hembra	Cría			Identificación Hembra	Cría		
	Sexo	Indentficación	Peso		Sexo	Indentficación	Peso

Muertes

Jóvenes				Jóvenes			
Identificación	Sexo	Identificación	Sexo	Identificación	Sexo	Identificación	Sexo

Comentarios: _____

_____

_____

10 ^{de} Febrero

Nº de Vacas en producción	
2 Ordeños	En secado

Producción de Leche		
am.	pm.	Total

Potrero en ocupación		
Identificación	Especie	Día de ocup.

Partos

Identificación Hembra	Condición Corporal	Cría			Observaciones
		Sexo	Indentificación	Peso	

Servicios

Identificación Hembra	Identificación Reproductor	Técnico Inseminador

Identificación Hembra	Identificación Reproductor	Técnico Inseminador

Secados - Destetes

Identificación Hembra	Cría		
	Sexo	Indentficación	Peso

Identificación Hembra	Cría		
	Sexo	Indentficación	Peso

Muertes

Jóvenes			
Identificación	Sexo	Identificación	Sexo

Jóvenes			
Identificación	Sexo	Identificación	Sexo

Comentarios: _____
_____
_____

ᗐ intar Ganadera

11 de Febrero

Nº de Vacas en producción	
2 Ordeños	En secado

Producción de Leche		
am.	pm.	Total

Potrero en ocupación		
Identificación	Especie	Día de ocup.

Partos

Identificación Hembra	Condición Corporal	Cría			Observaciones
		Sexo	Indentificación	Peso	

Servicios

Identificación Hembra	Identificación Reproductor	Técnico Inseminador

Identificación Hembra	Identificación Reproductor	Técnico Inseminador

Secados - Destetes

Identificación Hembra	Cría		
	Sexo	Indentficación	Peso

Identificación Hembra	Cría		
	Sexo	Indentficación	Peso

Muertes

Jóvenes			
Identificación	Sexo	Identificación	Sexo

Jóvenes			
Identificación	Sexo	Identificación	Sexo

Comentarios: _____

_____

_____

ⓊINTA Ganadera

12 ^{de} Febrero

Nº de Vacas en producción	
2 Ordeños	En secado

Producción de Leche				Potrero en ocupación		
am.	pm.	Total		Identificación	Especie	Día de ocup.

Partos

Identificación Hembra	Condición Corporal	Cría			Observaciones
		Sexo	Indentificación	Peso	

Servicios

Identificación Hembra	Identificación Reproductor	Técnico Inseminador	Identificación Hembra	Identificación Reproductor	Técnico Inseminador

Secados - Destetes

Identificación Hembra	Cría			Identificación Hembra	Cría		
	Sexo	Indentficación	Peso		Sexo	Indentficación	Peso

Muertes

Jóvenes				Jóvenes			
Identificación	Sexo	Identificación	Sexo	Identificación	Sexo	Identificación	Sexo

Comentarios: _____

_____

_____

ᘚ Intar Ganadera

13 de Febrero

Nº de Vacas en producción	
2 Ordeños	En secado

Producción de Leche		
am.	pm.	Total

Potrero en ocupación		
Identificación	Especie	Día de ocup.

Partos

Identificación Hembra	Condición Corporal	Cría			Observaciones
		Sexo	Indentificación	Peso	

Servicios

Identificación Hembra	Identificación Reproductor	Técnico Inseminador

Identificación Hembra	Identificación Reproductor	Técnico Inseminador

Secados - Destetes

Identificación Hembra	Cría		
	Sexo	Indentficación	Peso

Identificación Hembra	Cría		
	Sexo	Indentficación	Peso

Muertes

Jóvenes			
Identificación	Sexo	Identificación	Sexo

Jóvenes			
Identificación	Sexo	Identificación	Sexo

Comentarios: _____

_____

_____

14 ^{de} Febrero

N° de Vacas en producción	
2 Ordeños	En secado

Producción de Leche		
am.	pm.	Total

Potrero en ocupación		
Identificación	Especie	Día de ocup.

Partos

Identificación Hembra	Condición Corporal	Cría			Observaciones
		Sexo	Indentificación	Peso	

Servicios

Identificación Hembra	Identificación Reproductor	Técnico Inseminador

Identificación Hembra	Identificación Reproductor	Técnico Inseminador

Secados - Destetes

Identificación Hembra	Cría		
	Sexo	Indentficación	Peso

Identificación Hembra	Cría		
	Sexo	Indentficación	Peso

Muertes

Jóvenes			
Identificación	Sexo	Identificación	Sexo

Jóvenes			
Identificación	Sexo	Identificación	Sexo

Comentarios: _____

_____

_____

intar Ganadera

15 de Febrero

Nº de Vacas en producción	
2 Ordeños	En secado

Producción de Leche		
am.	pm.	Total

Potrero en ocupación		
Identificación	Especie	Día de ocup.

Partos

Identificación Hembra	Condición Corporal	Cría			Observaciones
		Sexo	Indentificación	Peso	

Servicios

Identificación Hembra	Identificación Reproductor	Técnico Inseminador	Identificación Hembra	Identificación Reproductor	Técnico Inseminador

Secados - Destetes

Identificación Hembra	Cría			Identificación Hembra	Cría		
	Sexo	Indentficación	Peso		Sexo	Indentficación	Peso

Muertes

Jóvenes				Jóvenes			
Identificación	Sexo	Identificación	Sexo	Identificación	Sexo	Identificación	Sexo

Comentarios: _____
_____
_____

16 de Febrero

N° de Vacas en producción	
2 Ordeños	En secado

Producción de Leche			Potrero en ocupación		
am.	pm.	Total	Identificación	Especie	Día de ocup.

Partos

Identificación Hembra	Condición Corporal	Cria			Observaciones
		Sexo	Indentificación	Peso	

Servicios

Identificación Hembra	Identificación Reproductor	Técnico Inseminador	Identificación Hembra	Identificación Reproductor	Técnico Inseminador

Secados - Destetes

Identificación Hembra	Cria			Identificación Hembra	Cria		
	Sexo	Indentficación	Peso		Sexo	Indentficación	Peso

Muertes

Jóvenes				Jóvenes			
Identificación	Sexo	Identificación	Sexo	Identificación	Sexo	Identificación	Sexo

Comentarios: _____

_____

_____

♉ **Intar** Ganadera

17 ^{de} Febrero

N° de Vacas en producción	
2 Ordeños	En secado

Producción de Leche				Potrero en ocupación		
am.	pm.	Total		Identificación	Especie	Día de ocup.

Partos

Identificación Hembra	Condición Corporal	Cría			Observaciones
		Sexo	Indentificación	Peso	

Servicios

Identificación Hembra	Identificación Reproductor	Técnico Inseminador	Identificación Hembra	Identificación Reproductor	Técnico Inseminador

Secados - Destetes

Identificación Hembra	Cría			Identificación Hembra	Cría		
	Sexo	Indentficación	Peso		Sexo	Indentficación	Peso

Muertes

Jóvenes				Jóvenes			
Identificación	Sexo	Identificación	Sexo	Identificación	Sexo	Identificación	Sexo

Comentarios: _____

_____

_____

18 ^{de} Febrero

N° de Vacas en producción	
2 Ordeños	En secado

Producción de Leche			
am.	pm.	Total

Potrero en ocupación		
Identificación	Especie	Día de ocup.

Partos

Identificación Hembra	Condición Corporal	Cría			Observaciones
		Sexo	Indentificación	Peso	

Servicios

Identificación Hembra	Identificación Reproductor	Técnico Inseminador

Identificación Hembra	Identificación Reproductor	Técnico Inseminador

Secados - Destetes

Identificación Hembra	Cría		
	Sexo	Indentficación	Peso

Identificación Hembra	Cría		
	Sexo	Indentficación	Peso

Muertes

Jóvenes			
Identificación	Sexo	Identificación	Sexo

Jóvenes			
Identificación	Sexo	Identificación	Sexo

Comentarios: _____
_____
_____

19 ^{de} Febrero

Nº de Vacas en producción	
2 Ordeños	En secado

Producción de Leche		
am.	pm.	Total

Potrero en ocupación		
Identificación	Especie	Día de ocup.

Partos

Identificación Hembra	Condición Corporal	Cría			Observaciones
		Sexo	Indentificación	Peso	

Servicios

Identificación Hembra	Identificación Reproductor	Técnico Inseminador

Identificación Hembra	Identificación Reproductor	Técnico Inseminador

Secados - Destetes

Identificación Hembra	Cría		
	Sexo	Indentficación	Peso

Identificación Hembra	Cría		
	Sexo	Indentficación	Peso

Muertes

Jóvenes			
Identificación	Sexo	Identificación	Sexo

Jóvenes			
Identificación	Sexo	Identificación	Sexo

Comentarios: _____
_____
_____

20 ^{de} Febrero

N° de Vacas en producción	
2 Ordeños	En secado

Producción de Leche		
am.	pm.	Total

Potrero en ocupación		
Identificación	Especie	Día de ocup.

Partos

Identificación Hembra	Condición Corporal	Cría			Observaciones
		Sexo	Indentificación	Peso	

Servicios

Identificación Hembra	Identificación Reproductor	Técnico Inseminador

Identificación Hembra	Identificación Reproductor	Técnico Inseminador

Secados - Destetes

Identificación Hembra	Cría		
	Sexo	Indentficación	Peso

Identificación Hembra	Cría		
	Sexo	Indentficación	Peso

Muertes

Jóvenes			
Identificación	Sexo	Identificación	Sexo

Jóvenes			
Identificación	Sexo	Identificación	Sexo

Comentarios: _____

21 ^{de} Febrero

N° de Vacas en producción	
2 Ordeños	En secado

Producción de Leche		
am.	pm.	Total

Potrero en ocupación		
Identificación	Especie	Día de ocup.

Partos

Identificación Hembra	Condición Corporal	Cría			Observaciones
		Sexo	Indentificación	Peso	

Servicios

Identificación Hembra	Identificación Reproductor	Técnico Inseminador

Identificación Hembra	Identificación Reproductor	Técnico Inseminador

Secados - Destetes

Identificación Hembra	Cría		
	Sexo	Indentficación	Peso

Identificación Hembra	Cría		
	Sexo	Indentficación	Peso

Muertes

Jóvenes			
Identificación	Sexo	Identificación	Sexo

Jóvenes			
Identificación	Sexo	Identificación	Sexo

Comentarios: _____

_____

_____

22 ^{de} Febrero

Nº de Vacas en producción	
2 Ordeños	En secado

Producción de Leche				Potrero en ocupación		
am.	pm.	Total		Identificación	Especie	Día de ocup.

Partos

Identificación Hembra	Condición Corporal	Cría			Observaciones
		Sexo	Indentificación	Peso	

Servicios

Identificación Hembra	Identificación Reproductor	Técnico Inseminador	Identificación Hembra	Identificación Reproductor	Técnico Inseminador

Secados - Destetes

Identificación Hembra	Cría			Identificación Hembra	Cría		
	Sexo	Indentficación	Peso		Sexo	Indentficación	Peso

Muertes

Jóvenes				Jóvenes			
Identificación	Sexo	Identificación	Sexo	Identificación	Sexo	Identificación	Sexo

Comentarios: _____

_____

_____

ⵉ INTAR Ganadera

23 de Febrero

Nº de Vacas en producción	
2 Ordeños	En secado

Producción de Leche		
am.	pm.	Total

Potrero en ocupación		
Identificación	Especie	Día de ocup.

Partos

Identificación Hembra	Condición Corporal	Cría			Observaciones
		Sexo	Indentificación	Peso	

Servicios

Identificación Hembra	Identificación Reproductor	Técnico Inseminador

Identificación Hembra	Identificación Reproductor	Técnico Inseminador

Secados - Destetes

Identificación Hembra	Cría		
	Sexo	Indentficación	Peso

Identificación Hembra	Cría		
	Sexo	Indentficación	Peso

Muertes

Jóvenes			
Identificación	Sexo	Identificación	Sexo

Jóvenes			
Identificación	Sexo	Identificación	Sexo

Comentarios: _____

_____

_____

24 ^{de} Febrero

N° de Vacas en producción	
2 Ordeños	En secado

Producción de Leche		
am.	pm.	Total

Potrero en ocupación		
Identificación	Especie	Día de ocup.

Partos

Identificación Hembra	Condición Corporal	Cría			Observaciones
		Sexo	Indentificación	Peso	

Servicios

Identificación Hembra	Identificación Reproductor	Técnico Inseminador	Identificación Hembra	Identificación Reproductor	Técnico Inseminador

Secados - Destetes

Identificación Hembra	Cría			Identificación Hembra	Cría		
	Sexo	Indentficación	Peso		Sexo	Indentficación	Peso

Muertes

Jóvenes				Jóvenes			
Identificación	Sexo	Identificación	Sexo	Identificación	Sexo	Identificación	Sexo

Comentarios: _____

_____

_____

♉ intar Ganadera

25 ^{de} Febrero

N° de Vacas en producción	
2 Ordeños	En secado

Producción de Leche		
am.	pm.	Total

Potrero en ocupación		
Identificación	Especie	Día de ocup.

Partos

Identificación Hembra	Condición Corporal	Cría			Observaciones
		Sexo	Indentificación	Peso	

Servicios

Identificación Hembra	Identificación Reproductor	Técnico Inseminador

Identificación Hembra	Identificación Reproductor	Técnico Inseminador

Secados - Destetes

Identificación Hembra	Cría		
	Sexo	Indentficación	Peso

Identificación Hembra	Cría		
	Sexo	Indentficación	Peso

Muertes

Jóvenes			
Identificación	Sexo	Identificación	Sexo

Jóvenes			
Identificación	Sexo	Identificación	Sexo

Comentarios: _____
_____
_____

26 ^{de} Febrero

N° de Vacas en producción	
2 Ordeños	En secado

Producción de Leche				Potrero en ocupación		
am.	pm.	Total		Identificación	Especie	Día de ocup.

Partos

Identificación Hembra	Condición Corporal	Cría			Observaciones
		Sexo	Indentificación	Peso	

Servicios

Identificación Hembra	Identificación Reproductor	Técnico Inseminador	Identificación Hembra	Identificación Reproductor	Técnico Inseminador

Secados - Destetes

Identificación Hembra	Cría			Identificación Hembra	Cría		
	Sexo	Indentficación	Peso		Sexo	Indentficación	Peso

Muertes

Jóvenes				Jóvenes			
Identificación	Sexo	Identificación	Sexo	Identificación	Sexo	Identificación	Sexo

Comentarios: _____

_____

_____

 **intar** Ganadera

27de Febrero

Nº de Vacas en producción	
2 Ordeños	En secado

Producción de Leche		
am.	pm.	Total

Potrero en ocupación		
Identificación	Especie	Día de ocup.

Partos

Identificación Hembra	Condición Corporal	Cría			Observaciones
		Sexo	Indentificación	Peso	

Servicios

Identificación Hembra	Identificación Reproductor	Técnico Inseminador	Identificación Hembra	Identificación Reproductor	Técnico Inseminador

Secados - Destetes

Identificación Hembra	Cría			Identificación Hembra	Cría		
	Sexo	Indentficación	Peso		Sexo	Indentficación	Peso

Muertes

Jóvenes				Jóvenes			
Identificación	Sexo	Identificación	Sexo	Identificación	Sexo	Identificación	Sexo

Comentarios: _____

_____

_____

intar Ganadera

28 de Febrero

Nº de Vacas en producción	
2 Ordeños	En secado

Producción de Leche		
am.	pm.	Total

Potrero en ocupación		
Identificación	Especie	Día de ocup.

Partos

Identificación Hembra	Condición Corporal	Cría			Observaciones
		Sexo	Indentificación	Peso	

Servicios

Identificación Hembra	Identificación Reproductor	Técnico Inseminador

Identificación Hembra	Identificación Reproductor	Técnico Inseminador

Secados - Destetes

Identificación Hembra	Cría		
	Sexo	Indentficación	Peso

Identificación Hembra	Cría		
	Sexo	Indentficación	Peso

Muertes

Jóvenes			
Identificación	Sexo	Identificación	Sexo

Jóvenes			
Identificación	Sexo	Identificación	Sexo

Comentarios: _____
_____
_____

ꭥ **ınтɑr** Ganadera

29 ^{de} Febrero

Nº de Vacas en producción	
2 Ordeños	En secado

Producción de Leche		
am.	pm.	Total

Potrero en ocupación		
Identificación	Especie	Día de ocup.

Partos

Identificación Hembra	Condición Corporal	Cría			Observaciones
		Sexo	Indentificación	Peso	

Servicios

Identificación Hembra	Identificación Reproductor	Técnico Inseminador

Identificación Hembra	Identificación Reproductor	Técnico Inseminador

Secados - Destetes

Identificación Hembra	Cría		
	Sexo	Indentficación	Peso

Identificación Hembra	Cría		
	Sexo	Indentficación	Peso

Muertes

Jóvenes			
Identificación	Sexo	Identificación	Sexo

Jóvenes			
Identificación	Sexo	Identificación	Sexo

Comentarios: _____

_____

_____

Resumen de Eventos Diarios
(Registro Cuantitativo Febrero)

Día	Hembras Paridas	Nacimientos		Hembras Secadas	Terneros destetados		Mortalidad Adultos	Mortalidad jóvenes		Ventas	Compras
		M	H		M	H		M	H		
1											
2											
3											
4											
5											
6											
7											
8											
9											
10											
11											
12											
13											
14											
15											
16											
17											
18											
19											
20											
21											
22											
23											
24											
25											
26											
27											
28											
29											
30											
31											
To-tal											

Control Mensual del Rebaño

	Reproductores	Hembras		Novillos	Novillas	Terneros Destetados	Terneras Destetadas	Terneros lactantes		Total	
		Prod.	Secas					H	M	Cabezas	U.A.
Existencia Anterior											
Nacimientos											
Compras											
Mortalidad											
Ventas											
Cambio de Estado											
Balance											

Control de Prácticas Sanitarias

Febrero

Vacunas	Fecha	Nº Dosis			Fecha Vacunación	Laboratorio	Lote Nº	Fecha Vencimiento de la Vacuna
		Adultos	Jóvenes M	Jóvenes H				
Fiebre Aftosa								
Estomatitis Vesicular								
Brucelosis								
Clostridiales								
Leptospirosis								

Control Parasitario	Fecha	Dosis		Vía Administración	Fecha de Repetición
		Adultos	Jóvenes		
Endoparasitos					
Ectoparasitos					
Agentes Hemotropicos					

Pruebas Diagnosticas	Fecha	Nº de Pruebas		Nº de Reacciones Positivas	Fecha de Repetición de la prueba
		Adultos	Jóvenes		
P. Brucelosis					
P. Tuberculina					
P. Mastitis					

**intar** Ganadera

Resumen Mensual Febrero
(Producción y Eventos)

Venta	Producción Total (L)	Nº Días	Producción Prom./Día	Nº Prom. Vacas Ord./Día	Producciones Vaca/Ord./Día
Leche					

Venta de Carne	Nº Animales	Kg Totales	Precio Venta	Total Ingreso
Reproductores (Descarte)				
Hembras (Descarte)				
Novillos				
Novillas				
Terneros(as) Destetados				
Terneros(as) Lactantes				
Total General				

Evento	Total
Partos	

Evento	Nº Machos	Nº Hembras	Total
Nacimientos			

Evento	Inseminación Artificial Nº	Monta Natural Nº	Total
Servicios			

Evento	Reproductores	Hembras	Novillos Novillas	Terneros(as) Destetados	Terneros(as) Lactantes	Total
Muertes						

Comentarios: _____

_____

_____

_____

_____

_____

1 ^{de} Marzo

Nº de Vacas en producción	
2 Ordeños	En secado

Producción de Leche			Potrero en ocupación		
am.	pm.	Total	Identificación	Especie	Día de ocup.

Partos

Identificación Hembra	Condición Corporal	Cría			Observaciones
		Sexo	Indentificación	Peso	

Servicios

Identificación Hembra	Identificación Reproductor	Técnico Inseminador	Identificación Hembra	Identificación Reproductor	Técnico Inseminador

Secados - Destetes

Identificación Hembra	Cría			Identificación Hembra	Cría		
	Sexo	Indentficación	Peso		Sexo	Indentficación	Peso

Muertes

Jóvenes				Jóvenes			
Identificación	Sexo	Identificación	Sexo	Identificación	Sexo	Identificación	Sexo

Comentarios: _____

_____

_____

ᗡ INTA Ganadera

2 de Marzo

| N° de Vacas en producción ||
2 Ordeños	En secado

| Producción de Leche |||
am.	pm.	Total

| Potrero en ocupación |||
Identificación	Especie	Día de ocup.

Partos

Identificación Hembra	Condición Corporal	Cría			Observaciones
		Sexo	Indentificación	Peso	

Servicios

Identificación Hembra	Identificación Reproductor	Técnico Inseminador	Identificación Hembra	Identificación Reproductor	Técnico Inseminador

Secados - Destetes

Identificación Hembra	Cría			Identificación Hembra	Cría		
	Sexo	Indentficación	Peso		Sexo	Indentficación	Peso

Muertes

Jóvenes				Jóvenes			
Identificación	Sexo	Identificación	Sexo	Identificación	Sexo	Identificación	Sexo

Comentarios: _____

_____

_____

3 ^{de} Marzo

N° de Vacas en producción	
2 Ordeños	En secado

Producción de Leche			
am.	pm.	Total	

Potrero en ocupación		
Identificación	Especie	Día de ocup.

Partos

Identificación Hembra	Condición Corporal	Cría			Observaciones
		Sexo	Indentificación	Peso	

Servicios

Identificación Hembra	Identificación Reproductor	Técnico Inseminador

Identificación Hembra	Identificación Reproductor	Técnico Inseminador

Secados - Destetes

Identificación Hembra	Cría		
	Sexo	Indentficación	Peso

Identificación Hembra	Cría		
	Sexo	Indentficación	Peso

Muertes

Jóvenes			
Identificación	Sexo	Identificación	Sexo

Jóvenes			
Identificación	Sexo	Identificación	Sexo

Comentarios: _____

_____

_____

 **Ganadera**

4de Marzo

Nº de Vacas en producción	
2 Ordeños	En secado

Producción de Leche		
am.	pm.	Total

Potrero en ocupación		
Identificación	Especie	Día de ocup.

Partos

Identificación Hembra	Condición Corporal	Cría			Observaciones
		Sexo	Indentificación	Peso	

Servicios

Identificación Hembra	Identificación Reproductor	Técnico Inseminador

Identificación Hembra	Identificación Reproductor	Técnico Inseminador

Secados - Destetes

Identificación Hembra	Cría		
	Sexo	Indentficación	Peso

Identificación Hembra	Cría		
	Sexo	Indentficación	Peso

Muertes

Jóvenes			
Identificación	Sexo	Identificación	Sexo

Jóvenes			
Identificación	Sexo	Identificación	Sexo

Comentarios: _____

_____

_____

5 de Marzo

Nº de Vacas en producción	
2 Ordeños	En secado

Producción de Leche		
am.	pm.	Total

Potrero en ocupación		
Identificación	Especie	Día de ocup.

Partos

Identificación Hembra	Condición Corporal	Cría			Observaciones
		Sexo	Indentificación	Peso	

Servicios

Identificación Hembra	Identificación Reproductor	Técnico Inseminador	Identificación Hembra	Identificación Reproductor	Técnico Inseminador

Secados - Destetes

Identificación Hembra	Cría			Identificación Hembra	Cría		
	Sexo	Indentficación	Peso		Sexo	Indentficación	Peso

Muertes

Jóvenes				Jóvenes			
Identificación	Sexo	Identificación	Sexo	Identificación	Sexo	Identificación	Sexo

Comentarios: _____

_____

_____

 **intar** Ganadera

6 ^{de} Marzo

N° de Vacas en producción	
2 Ordeños	En secado

Producción de Leche		
am.	pm.	Total

Potrero en ocupación		
Identificación	Especie	Día de ocup.

Partos

Identificación Hembra	Condición Corporal	Cría			Observaciones
		Sexo	Indentificación	Peso	

Servicios

Identificación Hembra	Identificación Reproductor	Técnico Inseminador

Identificación Hembra	Identificación Reproductor	Técnico Inseminador

Secados - Destetes

Identificación Hembra	Cría		
	Sexo	Indentficación	Peso

Identificación Hembra	Cría		
	Sexo	Indentficación	Peso

Muertes

Jóvenes			
Identificación	Sexo	Identificación	Sexo

Jóvenes			
Identificación	Sexo	Identificación	Sexo

Comentarios: _____

_____

_____

7 de Marzo

Nº de Vacas en producción	
2 Ordeños	En secado

Producción de Leche		
am.	pm.	Total

Potrero en ocupación		
Identificación	Especie	Día de ocup.

Partos

Identificación Hembra	Condición Corporal	Cría			Observaciones
		Sexo	Indentificación	Peso	

Servicios

Identificación Hembra	Identificación Reproductor	Técnico Inseminador	Identificación Hembra	Identificación Reproductor	Técnico Inseminador

Secados - Destetes

Identificación Hembra	Cría			Identificación Hembra	Cría		
	Sexo	Indentficación	Peso		Sexo	Indentficación	Peso

Muertes

Jóvenes				Jóvenes			
Identificación	Sexo	Identificación	Sexo	Identificación	Sexo	Identificación	Sexo

Comentarios: _____

_____

_____

inTar Ganadera

8 de Marzo

Nº de Vacas en producción	
2 Ordeños	En secado

Producción de Leche		
am.	pm.	Total

Potrero en ocupación		
Identificación	Especie	Día de ocup.

Partos

Identificación Hembra	Condición Corporal	Cría			Observaciones
		Sexo	Indentificación	Peso	

Servicios

Identificación Hembra	Identificación Reproductor	Técnico Inseminador

Identificación Hembra	Identificación Reproductor	Técnico Inseminador

Secados - Destetes

Identificación Hembra	Cría		
	Sexo	Indentficación	Peso

Identificación Hembra	Cría		
	Sexo	Indentficación	Peso

Muertes

Jóvenes			
Identificación	Sexo	Identificación	Sexo

Jóvenes			
Identificación	Sexo	Identificación	Sexo

Comentarios: _____

_____

_____

9 ^{de} Marzo

N° de Vacas en producción	
2 Ordeños	En secado

Producción de Leche				Potrero en ocupación		
am.	pm.	Total		Identificación	Especie	Día de ocup.

Partos

Identificación Hembra	Condición Corporal	Cría			Observaciones
		Sexo	Indentificación	Peso	

Servicios

Identificación Hembra	Identificación Reproductor	Técnico Inseminador	Identificación Hembra	Identificación Reproductor	Técnico Inseminador

Secados - Destetes

Identificación Hembra	Cría			Identificación Hembra	Cría		
	Sexo	Indentficación	Peso		Sexo	Indentficación	Peso

Muertes

Jóvenes				Jóvenes			
Identificación	Sexo	Identificación	Sexo	Identificación	Sexo	Identificación	Sexo

Comentarios: _____

_____

_____

INTA Ganadera

10 de Marzo

N° de Vacas en producción	
2 Ordeños	En secado

Producción de Leche		
am.	pm.	Total

Potrero en ocupación		
Identificación	Especie	Día de ocup.

Partos

Identificación Hembra	Condición Corporal	Cría			Observaciones
		Sexo	Indentificación	Peso	

Servicios

Identificación Hembra	Identificación Reproductor	Técnico Inseminador

Identificación Hembra	Identificación Reproductor	Técnico Inseminador

Secados - Destetes

Identificación Hembra	Cría		
	Sexo	Indentficación	Peso

Identificación Hembra	Cría		
	Sexo	Indentficación	Peso

Muertes

Jóvenes			
Identificación	Sexo	Identificación	Sexo

Jóvenes			
Identificación	Sexo	Identificación	Sexo

Comentarios: _____

_____

_____

11 ^{de} Marzo

N° de Vacas en producción	
2 Ordeños	En secado

Producción de Leche		
am.	pm.	Total

Potrero en ocupación		
Identificación	Especie	Día de ocup.

Partos

Identificación Hembra	Condición Corporal	Cría			Observaciones
		Sexo	Indentificación	Peso	

Servicios

Identificación Hembra	Identificación Reproductor	Técnico Inseminador	Identificación Hembra	Identificación Reproductor	Técnico Inseminador

Secados - Destetes

Identificación Hembra	Cría			Identificación Hembra	Cría		
	Sexo	Indentficación	Peso		Sexo	Indentficación	Peso

Muertes

Jóvenes				Jóvenes			
Identificación	Sexo	Identificación	Sexo	Identificación	Sexo	Identificación	Sexo

Comentarios: _____

_____

_____

 **inTar** Ganadera

12 de Marzo

N° de Vacas en producción	
2 Ordeños	En secado

Producción de Leche		
am.	pm.	Total

Potrero en ocupación		
Identificación	Especie	Día de ocup.

Partos

Identificación Hembra	Condición Corporal	Cría			Observaciones
		Sexo	Indentificación	Peso	

Servicios

Identificación Hembra	Identificación Reproductor	Técnico Inseminador	Identificación Hembra	Identificación Reproductor	Técnico Inseminador

Secados - Destetes

Identificación Hembra	Cría			Identificación Hembra	Cría		
	Sexo	Indentficación	Peso		Sexo	Indentficación	Peso

Muertes

Jóvenes				Jóvenes			
Identificación	Sexo	Identificación	Sexo	Identificación	Sexo	Identificación	Sexo

Comentarios: _____

_____

_____

13 de Marzo

N° de Vacas en producción	
2 Ordeños	En secado

Producción de Leche		
am.	pm.	Total

Potrero en ocupación		
Identificación	Especie	Día de ocup.

Partos

Identificación Hembra	Condición Corporal	Cria			Observaciones
		Sexo	Indentificación	Peso	

Servicios

Identificación Hembra	Identificación Reproductor	Técnico Inseminador	Identificación Hembra	Identificación Reproductor	Técnico Inseminador

Secados - Destetes

Identificación Hembra	Cría			Identificación Hembra	Cría		
	Sexo	Indentficación	Peso		Sexo	Indentficación	Peso

Muertes

Jóvenes				Jóvenes			
Identificación	Sexo	Identificación	Sexo	Identificación	Sexo	Identificación	Sexo

Comentarios: _____
_____
_____

 **Ganadera**

14 ^{de} Marzo

N° de Vacas en producción	
2 Ordeños	En secado

Producción de Leche		
am.	pm.	Total

Potrero en ocupación		
Identificación	Especie	Día de ocup.

Partos

Identificación Hembra	Condición Corporal	Cría			Observaciones
		Sexo	Indentificación	Peso	

Servicios

Identificación Hembra	Identificación Reproductor	Técnico Inseminador

Identificación Hembra	Identificación Reproductor	Técnico Inseminador

Secados - Destetes

Identificación Hembra	Cría		
	Sexo	Indentficación	Peso

Identificación Hembra	Cría		
	Sexo	Indentficación	Peso

Muertes

Jóvenes			
Identificación	Sexo	Identificación	Sexo

Jóvenes			
Identificación	Sexo	Identificación	Sexo

Comentarios: _____

_____

_____

Intar Ganadera

15 de Marzo

Nº de Vacas en producción	
2 Ordeños	En secado

Producción de Leche			Potrero en ocupación		
am.	pm.	Total	Identificación	Especie	Día de ocup.

Partos

Identificación Hembra	Condición Corporal	Cría			Observaciones
		Sexo	Indentificación	Peso	

Servicios

Identificación Hembra	Identificación Reproductor	Técnico Inseminador	Identificación Hembra	Identificación Reproductor	Técnico Inseminador

Secados - Destetes

Identificación Hembra	Cría			Identificación Hembra	Cría		
	Sexo	Indentficación	Peso		Sexo	Indentficación	Peso

Muertes

Jóvenes				Jóvenes			
Identificación	Sexo	Identificación	Sexo	Identificación	Sexo	Identificación	Sexo

Comentarios: _____

16 ^{de} Marzo

Nº de Vacas en producción	
2 Ordeños	En secado

Producción de Leche				Potrero en ocupación		
am.	pm.	Total		Identificación	Especie	Día de ocup.

Partos

Identificación Hembra	Condición Corporal	Cría			Observaciones
		Sexo	Indentificación	Peso	

Servicios

Identificación Hembra	Identificación Reproductor	Técnico Inseminador	Identificación Hembra	Identificación Reproductor	Técnico Inseminador

Secados - Destetes

Identificación Hembra	Cría			Identificación Hembra	Cría		
	Sexo	Indentficación	Peso		Sexo	Indentficación	Peso

Muertes

Jóvenes				Jóvenes			
Identificación	Sexo	Identificación	Sexo	Identificación	Sexo	Identificación	Sexo

Comentarios: _____

_____

_____

17 de Marzo

Nº de Vacas en producción	
2 Ordeños	En secado

Producción de Leche		
am.	pm.	Total

Potrero en ocupación		
Identificación	Especie	Día de ocup.

Partos

Identificación Hembra	Condición Corporal	Cría			Observaciones
		Sexo	Indentificación	Peso	

Servicios

Identificación Hembra	Identificación Reproductor	Técnico Inseminador	Identificación Hembra	Identificación Reproductor	Técnico Inseminador

Secados - Destetes

Identificación Hembra	Cría			Identificación Hembra	Cría		
	Sexo	Indentficación	Peso		Sexo	Indentficación	Peso

Muertes

Jóvenes				Jóvenes			
Identificación	Sexo	Identificación	Sexo	Identificación	Sexo	Identificación	Sexo

Comentarios: _____
_____
_____

 Ganadera

18 de Marzo

Nº de Vacas en producción	
2 Ordeños	En secado

Producción de Leche				Potrero en ocupación		
am.	pm.	Total		Identificación	Especie	Día de ocup.

Partos

Identificación Hembra	Condición Corporal	Cría			Observaciones
		Sexo	Indentificación	Peso	

Servicios

Identificación Hembra	Identificación Reproductor	Técnico Inseminador	Identificación Hembra	Identificación Reproductor	Técnico Inseminador

Secados - Destetes

Identificación Hembra	Cría			Identificación Hembra	Cría		
	Sexo	Indentficación	Peso		Sexo	Indentficación	Peso

Muertes

Jóvenes				Jóvenes			
Identificación	Sexo	Identificación	Sexo	Identificación	Sexo	Identificación	Sexo

Comentarios: _____
_____
_____

19de Marzo

Nº de Vacas en producción	
2 Ordeños	En secado

Producción de Leche			
am.	pm.	Total	

Potrero en ocupación		
Identificación	Especie	Día de ocup.

Partos

Identificación Hembra	Condición Corporal	Cría			Observaciones
		Sexo	Indentificación	Peso	

Servicios

Identificación Hembra	Identificación Reproductor	Técnico Inseminador

Identificación Hembra	Identificación Reproductor	Técnico Inseminador

Secados - Destetes

Identificación Hembra	Cría		
	Sexo	Indentficación	Peso

Identificación Hembra	Cría		
	Sexo	Indentficación	Peso

Muertes

Jóvenes			
Identificación	Sexo	Identificación	Sexo

Jóvenes			
Identificación	Sexo	Identificación	Sexo

Comentarios: _____
_____
_____

Intar Ganadera

20 ^{de} Marzo

Nº de Vacas en producción	
2 Ordeños	En secado

Producción de Leche		
am.	pm.	Total

Potrero en ocupación		
Identificación	Especie	Día de ocup.

Partos

Identificación Hembra	Condición Corporal	Cría			Observaciones
		Sexo	Indentificación	Peso	

Servicios

Identificación Hembra	Identificación Reproductor	Técnico Inseminador

Identificación Hembra	Identificación Reproductor	Técnico Inseminador

Secados - Destetes

Identificación Hembra	Cría		
	Sexo	Indentficación	Peso

Identificación Hembra	Cría		
	Sexo	Indentficación	Peso

Muertes

Jóvenes			
Identificación	Sexo	Identificación	Sexo

Jóvenes			
Identificación	Sexo	Identificación	Sexo

Comentarios: _____

_____

_____

21 ^{de} Marzo

N° de Vacas en producción	
2 Ordeños	En secado

Producción de Leche				Potrero en ocupación		
am.	pm.	Total		Identificación	Especie	Día de ocup.

Partos

Identificación Hembra	Condición Corporal	Cría			Observaciones
		Sexo	Indentificación	Peso	

Servicios

Identificación Hembra	Identificación Reproductor	Técnico Inseminador	Identificación Hembra	Identificación Reproductor	Técnico Inseminador

Secados - Destetes

Identificación Hembra	Cría			Identificación Hembra	Cría		
	Sexo	Indentficación	Peso		Sexo	Indentficación	Peso

Muertes

Jóvenes				Jóvenes			
Identificación	Sexo	Identificación	Sexo	Identificación	Sexo	Identificación	Sexo

Comentarios: _____

_____

_____

∀ Inta Ganadera

22 ^{de} Marzo

Nº de Vacas en producción	
2 Ordeños	En secado

Producción de Leche		
am.	pm.	Total

Potrero en ocupación		
Identificación	Especie	Día de ocup.

Partos

Identificación Hembra	Condición Corporal	Cría			Observaciones
		Sexo	Indentificación	Peso	

Servicios

Identificación Hembra	Identificación Reproductor	Técnico Inseminador

Identificación Hembra	Identificación Reproductor	Técnico Inseminador

Secados - Destetes

Identificación Hembra	Cría		
	Sexo	Indentficación	Peso

Identificación Hembra	Cría		
	Sexo	Indentficación	Peso

Muertes

Jóvenes			
Identificación	Sexo	Identificación	Sexo

Jóvenes			
Identificación	Sexo	Identificación	Sexo

Comentarios: _____

_____

_____

23 ^{de} Marzo

Nº de Vacas en producción	
2 Ordeños	En secado

Producción de Leche		
am.	pm.	Total

Potrero en ocupación		
Identificación	Especie	Día de ocup.

Partos

Identificación Hembra	Condición Corporal	Cría			Observaciones
		Sexo	Indentificación	Peso	

Servicios

Identificación Hembra	Identificación Reproductor	Técnico Inseminador	Identificación Hembra	Identificación Reproductor	Técnico Inseminador

Secados - Destetes

Identificación Hembra	Cría			Identificación Hembra	Cría		
	Sexo	Indentficación	Peso		Sexo	Indentficación	Peso

Muertes

Jóvenes				Jóvenes			
Identificación	Sexo	Identificación	Sexo	Identificación	Sexo	Identificación	Sexo

Comentarios: _____

_____

_____

ᘛ intar Ganadera

24 de Marzo

Nº de Vacas en producción	
2 Ordeños	En secado

Producción de Leche		
am.	pm.	Total

Potrero en ocupación		
Identificación	Especie	Día de ocup.

Partos

Identificación Hembra	Condición Corporal	Cría			Observaciones
		Sexo	Indentificación	Peso	

Servicios

Identificación Hembra	Identificación Reproductor	Técnico Inseminador	Identificación Hembra	Identificación Reproductor	Técnico Inseminador

Secados - Destetes

Identificación Hembra	Cría			Identificación Hembra	Cría		
	Sexo	Indentficación	Peso		Sexo	Indentficación	Peso

Muertes

Jóvenes				Jóvenes			
Identificación	Sexo	Identificación	Sexo	Identificación	Sexo	Identificación	Sexo

Comentarios: _____

_____

_____

25 ^{de} Marzo

Nº de Vacas en producción	
2 Ordeños	En secado

Producción de Leche		
am.	pm.	Total

Potrero en ocupación		
Identificación	Especie	Día de ocup.

Partos

Identificación Hembra	Condición Corporal	Cría			Observaciones
		Sexo	Indentificación	Peso	

Servicios

Identificación Hembra	Identificación Reproductor	Técnico Inseminador	Identificación Hembra	Identificación Reproductor	Técnico Inseminador

Secados - Destetes

Identificación Hembra	Cría			Identificación Hembra	Cría		
	Sexo	Indentficación	Peso		Sexo	Indentficación	Peso

Muertes

Jóvenes				Jóvenes			
Identificación	Sexo	Identificación	Sexo	Identificación	Sexo	Identificación	Sexo

Comentarios: _____

_____

_____

ʊ ın�tɑr Ganadera

26 de Marzo

Nº de Vacas en producción	
2 Ordeños	En secado

Producción de Leche

am.	pm.	Total

Potrero en ocupación

Identificación	Especie	Día de ocup.

Partos

Identificación Hembra	Condición Corporal	Cría			Observaciones
		Sexo	Indentificación	Peso	

Servicios

Identificación Hembra	Identificación Reproductor	Técnico Inseminador

Identificación Hembra	Identificación Reproductor	Técnico Inseminador

Secados - Destetes

Identificación Hembra	Cría		
	Sexo	Indentficación	Peso

Identificación Hembra	Cría		
	Sexo	Indentficación	Peso

Muertes

Jóvenes			
Identificación	Sexo	Identificación	Sexo

Jóvenes			
Identificación	Sexo	Identificación	Sexo

Comentarios: _____

_____

_____

27de Marzo

N° de Vacas en producción	
2 Ordeños	En secado

Producción de Leche		
am.	pm.	Total

Potrero en ocupación		
Identificación	Especie	Día de ocup.

Partos

Identificación Hembra	Condición Corporal	Cría			Observaciones
		Sexo	Indentificación	Peso	

Servicios

Identificación Hembra	Identificación Reproductor	Técnico Inseminador	Identificación Hembra	Identificación Reproductor	Técnico Inseminador

Secados - Destetes

Identificación Hembra	Cría			Identificación Hembra	Cría		
	Sexo	Indentficación	Peso		Sexo	Indentficación	Peso

Muertes

Jóvenes				Jóvenes			
Identificación	Sexo	Identificación	Sexo	Identificación	Sexo	Identificación	Sexo

Comentarios: _____

_____

_____

ᛦ inta Ganadera

28 de Marzo

Nº de Vacas en producción	
2 Ordeños	En secado

Producción de Leche		
am.	pm.	Total

Potrero en ocupación		
Identificación	Especie	Día de ocup.

Partos

Identificación Hembra	Condición Corporal	Cría			Observaciones
		Sexo	Indentificación	Peso	

Servicios

Identificación Hembra	Identificación Reproductor	Técnico Inseminador

Identificación Hembra	Identificación Reproductor	Técnico Inseminador

Secados - Destetes

Identificación Hembra	Cría		
	Sexo	Indentficación	Peso

Identificación Hembra	Cría		
	Sexo	Indentficación	Peso

Muertes

Jóvenes			
Identificación	Sexo	Identificación	Sexo

Jóvenes			
Identificación	Sexo	Identificación	Sexo

Comentarios: _____

_____

_____

♉intar Ganadera

29de Marzo

Nº de Vacas en producción	
2 Ordeños	En secado

Producción de Leche		
am.	pm.	Total

Potrero en ocupación		
Identificación	Especie	Día de ocup.

Partos

Identificación Hembra	Condición Corporal	Cría			Observaciones
		Sexo	Indentificación	Peso	

Servicios

Identificación Hembra	Identificación Reproductor	Técnico Inseminador	Identificación Hembra	Identificación Reproductor	Técnico Inseminador

Secados - Destetes

Identificación Hembra	Cría			Identificación Hembra	Cría		
	Sexo	Indentficación	Peso		Sexo	Indentficación	Peso

Muertes

Jóvenes				Jóvenes			
Identificación	Sexo	Identificación	Sexo	Identificación	Sexo	Identificación	Sexo

Comentarios: _____
_____
_____

 **intar** Ganadera

30 de Marzo

N° de Vacas en producción	
2 Ordeños	En secado

Producción de Leche		
am.	pm.	Total

Potrero en ocupación		
Identificación	Especie	Día de ocup.

Partos

Identificación Hembra	Condición Corporal	Cría			Observaciones
		Sexo	Indentificación	Peso	

Servicios

Identificación Hembra	Identificación Reproductor	Técnico Inseminador

Identificación Hembra	Identificación Reproductor	Técnico Inseminador

Secados - Destetes

Identificación Hembra	Cría		
	Sexo	Indentficación	Peso

Identificación Hembra	Cría		
	Sexo	Indentficación	Peso

Muertes

Jóvenes			
Identificación	Sexo	Identificación	Sexo

Jóvenes			
Identificación	Sexo	Identificación	Sexo

Comentarios: _____

_____

_____

31 ^{de} Marzo

N° de Vacas en producción	
2 Ordeños	En secado

Producción de Leche			Potrero en ocupación		
am.	pm.	Total	Identificación	Especie	Día de ocup.

Partos

Identificación Hembra	Condición Corporal	Cría			Observaciones
		Sexo	Indentificación	Peso	

Servicios

Identificación Hembra	Identificación Reproductor	Técnico Inseminador	Identificación Hembra	Identificación Reproductor	Técnico Inseminador

Secados - Destetes

Identificación Hembra	Cría			Identificación Hembra	Cría		
	Sexo	Indentficación	Peso		Sexo	Indentficación	Peso

Muertes

Jóvenes				Jóvenes			
Identificación	Sexo	Identificación	Sexo	Identificación	Sexo	Identificación	Sexo

Comentarios: _____
_____
_____

 Ganadera

Resumen de Eventos Diarios
(Registro Cuantitativo Marzo)

Día	Hembras Paridas	Nacimientos		Hembras Secadas	Terneros destetados		Mortalidad Adultos	Mortalidad jóvenes		Ventas	Compras
		M	H		M	H		M	H		
1											
2											
3											
4											
5											
6											
7											
8											
9											
10											
11											
12											
13											
14											
15											
16											
17											
18											
19											
20											
21											
22											
23											
24											
25											
26											
27											
28											
29											
30											
31											
To-tal											

Control Mensual del Rebaño

Marzo

ᗡ **intar** Ganadera

	Reproductores	Hembras		Novillos	Novillas	Terneros Destetados	Terneras Destetadas	Terneros lactantes		Total	
		Prod.	Secas					H	M	Cabezas	U.A.
Existencia Anterior											
Nacimientos											
Compras											
Mortalidad											
Ventas											
Cambio de Estado											
Balance											

Control de Prácticas Sanitarias

Marzo

Vacunas	Fecha	Nº Dosis			Fecha Vacunación	Laboratorio	Lote Nº	Fecha Vencimiento de la Vacuna
		Adultos	Jóvenes M	H				
Fiebre Aftosa								
Estomatitis Vesicular								
Brucelosis								
Clostridiales								
Leptospirosis								

Control Parasitario	Fecha	Dosis		Via Administración	Fecha de Repetición
		Adultos	Jóvenes		
Endoparasitos					
Ectoparasitos					
Agentes Hemotrópicos					

Pruebas Diagnosticas	Fecha	Nº de Pruebas		Nº de Reacciones Positivas	Fecha de Repetición de la prueba
		Adultos	Jóvenes		
P. Brucelosis					
P. Tuberculina					
P. Mastitis					

Resumen Mensual Marzo
(Producción y Eventos)

Venta	Producción Total (L)	Nº Días	Producción Prom./Día	Nº Prom.Vacas Ord./Día	Producciones Vaca/Ord./Día
Leche					

Venta de Carne	Nº Animales	Kg Totales	Precio Venta	Total Ingreso
Reproductores (Descarte)				
Hembras (Descarte)				
Novillos				
Novillas				
Terneros(as) Destetados				
Terneros(as) Lactantes				
Total General				

Evento	Total
Partos	

Evento	Nº Machos	Nº Hembras	Total
Nacimientos			

Evento	Inseminación Artificial Nº	Monta Natural Nº	Total
Servicios			

Evento	Reproductores	Hembras	Novillos Novillas	Terneros(as) Destetados	Terneros(as) Lactantes	Total
Muertes						

Comentarios: _____
_____
_____
_____
_____
_____

 **INTA** Ganadera

1 ^{de} Abril

N° de Vacas en producción	
2 Ordeños	En secado

Producción de Leche		
am.	pm.	Total

Potrero en ocupación		
Identificación	Especie	Día de ocup.

Partos

Identificación Hembra	Condición Corporal	Cría			Observaciones
		Sexo	Indentificación	Peso	

Servicios

Identificación Hembra	Identificación Reproductor	Técnico Inseminador	Identificación Hembra	Identificación Reproductor	Técnico Inseminador

Secados - Destetes

Identificación Hembra	Cría			Identificación Hembra	Cría		
	Sexo	Indentficación	Peso		Sexo	Indentficación	Peso

Muertes

Jóvenes				Jóvenes			
Identificación	Sexo	Identificación	Sexo	Identificación	Sexo	Identificación	Sexo

Comentarios: _____

_____

_____

2 de Abril

N° de Vacas en producción	
2 Ordeños	En secado

Producción de Leche		
am.	pm.	Total

Potrero en ocupación		
Identificación	Especie	Día de ocup.

Partos

Identificación Hembra	Condición Corporal	Cría			Observaciones
		Sexo	Indentificación	Peso	

Servicios

Identificación Hembra	Identificación Reproductor	Técnico Inseminador	Identificación Hembra	Identificación Reproductor	Técnico Inseminador

Secados - Destetes

Identificación Hembra	Cría			Identificación Hembra	Cría		
	Sexo	Indentficación	Peso		Sexo	Indentficación	Peso

Muertes

Jóvenes				Jóvenes			
Identificación	Sexo	Identificación	Sexo	Identificación	Sexo	Identificación	Sexo

Comentarios: _____

_____

_____

♉ ıntɑr Ganadera

3 de Abril

N° de Vacas en producción	
2 Ordeños	En secado

Producción de Leche		
am.	pm.	Total

Potrero en ocupación		
Identificación	Especie	Día de ocup.

Partos

Identificación Hembra	Condición Corporal	Cría			Observaciones
		Sexo	Indentificación	Peso	

Servicios

Identificación Hembra	Identificación Reproductor	Técnico Inseminador	Identificación Hembra	Identificación Reproductor	Técnico Inseminador

Secados - Destetes

Identificación Hembra	Cría			Identificación Hembra	Cría		
	Sexo	Indentficación	Peso		Sexo	Indentficación	Peso

Muertes

Jóvenes				Jóvenes			
Identificación	Sexo	Identificación	Sexo	Identificación	Sexo	Identificación	Sexo

Comentarios: _____

_____

_____

4 ^{de} Abril

N° de Vacas en producción	
2 Ordeños	En secado

Producción de Leche			Potrero en ocupación		
am.	pm.	Total	Identificación	Especie	Día de ocup.

Partos

Identificación Hembra	Condición Corporal	Cría			Observaciones
		Sexo	Indentificación	Peso	

Servicios

Identificación Hembra	Identificación Reproductor	Técnico Inseminador	Identificación Hembra	Identificación Reproductor	Técnico Inseminador

Secados - Destetes

Identificación Hembra	Cría			Identificación Hembra	Cría		
	Sexo	Indentficación	Peso		Sexo	Indentficación	Peso

Muertes

Jóvenes				Jóvenes			
Identificación	Sexo	Identificación	Sexo	Identificación	Sexo	Identificación	Sexo

Comentarios: _____

_____

_____

ᛆ inTar Ganadera

5 ^{de} Abril

Nº de Vacas en producción	
2 Ordeños	En secado

Producción de Leche		
am.	pm.	Total

Potrero en ocupación		
Identificación	Especie	Día de ocup.

Partos

Identificación Hembra	Condición Corporal	Cría			Observaciones
		Sexo	Indentificación	Peso	

Servicios

Identificación Hembra	Identificación Reproductor	Técnico Inseminador

Identificación Hembra	Identificación Reproductor	Técnico Inseminador

Secados - Destetes

Identificación Hembra	Cría		
	Sexo	Indentficación	Peso

Identificación Hembra	Cría		
	Sexo	Indentficación	Peso

Muertes

Jóvenes			
Identificación	Sexo	Identificación	Sexo

Jóvenes			
Identificación	Sexo	Identificación	Sexo

Comentarios: _____

 **intar** Ganadera

6 ^{de} Abril

N° de Vacas en producción	
2 Ordeños	En secado

Producción de Leche		
am.	pm.	Total

Potrero en ocupación		
Identificación	Especie	Día de ocup.

Partos

Identificación Hembra	Condición Corporal	Cría			Observaciones
		Sexo	Indentificación	Peso	

Servicios

Identificación Hembra	Identificación Reproductor	Técnico Inseminador	Identificación Hembra	Identificación Reproductor	Técnico Inseminador

Secados - Destetes

Identificación Hembra	Cría			Identificación Hembra	Cría		
	Sexo	Indentficación	Peso		Sexo	Indentficación	Peso

Muertes

Jóvenes				Jóvenes			
Identificación	Sexo	Identificación	Sexo	Identificación	Sexo	Identificación	Sexo

Comentarios: _____

_____

_____

 **Intar** Ganadera

7 ^{de} Abril

N° de Vacas en producción	
2 Ordeños	En secado

Producción de Leche		
am.	pm.	Total

Potrero en ocupación		
Identificación	Especie	Día de ocup.

Partos

Identificación Hembra	Condición Corporal	Cría			Observaciones
		Sexo	Indentificación	Peso	

Servicios

Identificación Hembra	Identificación Reproductor	Técnico Inseminador	Identificación Hembra	Identificación Reproductor	Técnico Inseminador

Secados - Destetes

Identificación Hembra	Cría			Identificación Hembra	Cría		
	Sexo	Indentficación	Peso		Sexo	Indentficación	Peso

Muertes

Jóvenes				Jóvenes			
Identificación	Sexo	Identificación	Sexo	Identificación	Sexo	Identificación	Sexo

Comentarios: _____

_____

_____

8 de Abril

N° de Vacas en producción	
2 Ordeños	En secado

Producción de Leche			
am.	pm.	Total

Potrero en ocupación		
Identificación	Especie	Día de ocup.

Partos

Identificación Hembra	Condición Corporal	Cría			Observaciones
		Sexo	Indentificación	Peso	

Servicios

Identificación Hembra	Identificación Reproductor	Técnico Inseminador	Identificación Hembra	Identificación Reproductor	Técnico Inseminador

Secados - Destetes

Identificación Hembra	Cría			Identificación Hembra	Cría		
	Sexo	Indentficación	Peso		Sexo	Indentficación	Peso

Muertes

Jóvenes				Jóvenes			
Identificación	Sexo	Identificación	Sexo	Identificación	Sexo	Identificación	Sexo

Comentarios: _____

_____

_____

ᎯInᴛᴀr Ganadera

9 de Abril

Nº de Vacas en producción	
2 Ordeños	En secado

Producción de Leche			Potrero en ocupación		
am.	pm.	Total	Identificación	Especie	Día de ocup.

Partos

Identificación Hembra	Condición Corporal	Cría			Observaciones
		Sexo	Indentificación	Peso	

Servicios

Identificación Hembra	Identificación Reproductor	Técnico Inseminador	Identificación Hembra	Identificación Reproductor	Técnico Inseminador

Secados - Destetes

Identificación Hembra	Cría			Identificación Hembra	Cría		
	Sexo	Indentficación	Peso		Sexo	Indentficación	Peso

Muertes

Jóvenes				Jóvenes			
Identificación	Sexo	Identificación	Sexo	Identificación	Sexo	Identificación	Sexo

Comentarios: _____

_____

_____

10de Abril

N° de Vacas en producción	
2 Ordeños	En secado

Producción de Leche				Potrero en ocupación		
am.	pm.	Total		Identificación	Especie	Día de ocup.

Partos

Identificación Hembra	Condición Corporal	Cría			Observaciones
		Sexo	Indentificación	Peso	

Servicios

Identificación Hembra	Identificación Reproductor	Técnico Inseminador	Identificación Hembra	Identificación Reproductor	Técnico Inseminador

Secados - Destetes

Identificación Hembra	Cría			Identificación Hembra	Cría		
	Sexo	Indentficación	Peso		Sexo	Indentficación	Peso

Muertes

Jóvenes				Jóvenes			
Identificación	Sexo	Identificación	Sexo	Identificación	Sexo	Identificación	Sexo

Comentarios: _____
_____
_____

ᕤ ɪnʈɑr Ganadera

11 de Abril

N° de Vacas en producción	
2 Ordeños	En secado

Producción de Leche		
am.	pm.	Total

Potrero en ocupación		
Identificación	Especie	Día de ocup.

Partos

Identificación Hembra	Condición Corporal	Cría			Observaciones
		Sexo	Indentificación	Peso	

Servicios

Identificación Hembra	Identificación Reproductor	Técnico Inseminador	Identificación Hembra	Identificación Reproductor	Técnico Inseminador

Secados - Destetes

Identificación Hembra	Cría			Identificación Hembra	Cría		
	Sexo	Indentficación	Peso		Sexo	Indentficación	Peso

Muertes

Jóvenes				Jóvenes			
Identificación	Sexo	Identificación	Sexo	Identificación	Sexo	Identificación	Sexo

Comentarios: _____

_____

_____

12 de Abril

Nº de Vacas en producción	
2 Ordeños	En secado

Producción de Leche		
am.	pm.	Total

Potrero en ocupación		
Identificación	Especie	Día de ocup.

Partos

Identificación Hembra	Condición Corporal	Cría			Observaciones
		Sexo	Indentificación	Peso	

Servicios

Identificación Hembra	Identificación Reproductor	Técnico Inseminador	Identificación Hembra	Identificación Reproductor	Técnico Inseminador

Secados - Destetes

Identificación Hembra	Cría			Identificación Hembra	Cría		
	Sexo	Indentficación	Peso		Sexo	Indentficación	Peso

Muertes

Jóvenes				Jóvenes			
Identificación	Sexo	Identificación	Sexo	Identificación	Sexo	Identificación	Sexo

Comentarios: _____

_____

_____

 **INTA** Ganadera

13 ^{de} Abril

Nº de Vacas en producción	
2 Ordeños	En secado

Producción de Leche		
am.	pm.	Total

Potrero en ocupación		
Identificación	Especie	Día de ocup.

Partos

Identificación Hembra	Condición Corporal	Cría			Observaciones
		Sexo	Indentificación	Peso	

Servicios

Identificación Hembra	Identificación Reproductor	Técnico Inseminador	Identificación Hembra	Identificación Reproductor	Técnico Inseminador

Secados - Destetes

Identificación Hembra	Cría			Identificación Hembra	Cría		
	Sexo	Indentficación	Peso		Sexo	Indentficación	Peso

Muertes

Jóvenes				Jóvenes			
Identificación	Sexo	Identificación	Sexo	Identificación	Sexo	Identificación	Sexo

Comentarios: _____

_____

_____

14de Abril

N° de Vacas en producción	
2 Ordeños	En secado

Producción de Leche			
am.	pm.	Total	

Potrero en ocupación		
Identificación	Especie	Día de ocup.

Partos

Identificación Hembra	Condición Corporal	Cría			Observaciones
		Sexo	Indentificación	Peso	

Servicios

Identificación Hembra	Identificación Reproductor	Técnico Inseminador

Identificación Hembra	Identificación Reproductor	Técnico Inseminador

Secados - Destetes

Identificación Hembra	Cría		
	Sexo	Indentficación	Peso

Identificación Hembra	Cría		
	Sexo	Indentficación	Peso

Muertes

Jóvenes			
Identificación	Sexo	Identificación	Sexo

Jóvenes			
Identificación	Sexo	Identificación	Sexo

Comentarios: _____

_____

_____

ʊ intar Ganadera

15 de Abril

N° de Vacas en producción	
2 Ordeños	En secado

Producción de Leche		
am.	pm.	Total

Potrero en ocupación		
Identificación	Especie	Día de ocup.

Partos

Identificación Hembra	Condición Corporal	Cría			Observaciones
		Sexo	Indentificación	Peso	

Servicios

Identificación Hembra	Identificación Reproductor	Técnico Inseminador	Identificación Hembra	Identificación Reproductor	Técnico Inseminador

Secados - Destetes

Identificación Hembra	Cría			Identificación Hembra	Cría		
	Sexo	Indentficación	Peso		Sexo	Indentficación	Peso

Muertes

Jóvenes				Jóvenes			
Identificación	Sexo	Identificación	Sexo	Identificación	Sexo	Identificación	Sexo

Comentarios: _____

_____

_____

16 ^{de} Abril

Nº de Vacas en producción	
2 Ordeños	En secado

Producción de Leche		
am.	pm.	Total

Potrero en ocupación		
Identificación	Especie	Día de ocup.

Partos

Identificación Hembra	Condición Corporal	Cría			Observaciones
		Sexo	Indentificación	Peso	

Servicios

Identificación Hembra	Identificación Reproductor	Técnico Inseminador	Identificación Hembra	Identificación Reproductor	Técnico Inseminador

Secados - Destetes

Identificación Hembra	Cría			Identificación Hembra	Cría		
	Sexo	Indentficación	Peso		Sexo	Indentficación	Peso

Muertes

Jóvenes				Jóvenes			
Identificación	Sexo	Identificación	Sexo	Identificación	Sexo	Identificación	Sexo

Comentarios: _____

_____

_____

ᛏ inra Ganadera

17 de Abril

Nº de Vacas en producción	
2 Ordeños	En secado

Producción de Leche			Potrero en ocupación		
am.	pm.	Total	Identificación	Especie	Día de ocup.

Partos

Identificación Hembra	Condición Corporal	Cría			Observaciones
		Sexo	Indentificación	Peso	

Servicios

Identificación Hembra	Identificación Reproductor	Técnico Inseminador	Identificación Hembra	Identificación Reproductor	Técnico Inseminador

Secados - Destetes

Identificación Hembra	Cría			Identificación Hembra	Cría		
	Sexo	Indentficación	Peso		Sexo	Indentficación	Peso

Muertes

Jóvenes				Jóvenes			
Identificación	Sexo	Identificación	Sexo	Identificación	Sexo	Identificación	Sexo

Comentarios: _____
_____
_____

18 de Abril

N° de Vacas en producción	
2 Ordeños	En secado

Producción de Leche		
am.	pm.	Total

Potrero en ocupación		
Identificación	Especie	Día de ocup.

Partos

Identificación Hembra	Condición Corporal	Cría			Observaciones
		Sexo	Indentificación	Peso	

Servicios

Identificación Hembra	Identificación Reproductor	Técnico Inseminador

Identificación Hembra	Identificación Reproductor	Técnico Inseminador

Secados - Destetes

Identificación Hembra	Cría		
	Sexo	Indentficación	Peso

Identificación Hembra	Cría		
	Sexo	Indentficación	Peso

Muertes

Jóvenes			
Identificación	Sexo	Identificación	Sexo

Jóvenes			
Identificación	Sexo	Identificación	Sexo

Comentarios: _____

_____

_____

19 de Abril

N° de Vacas en producción	
2 Ordeños	En secado

Producción de Leche		
am.	pm.	Total

Potrero en ocupación		
Identificación	Especie	Día de ocup.

Partos

Identificación Hembra	Condición Corporal	Cría			Observaciones
		Sexo	Indentificación	Peso	

Servicios

Identificación Hembra	Identificación Reproductor	Técnico Inseminador	Identificación Hembra	Identificación Reproductor	Técnico Inseminador

Secados - Destetes

Identificación Hembra	Cría			Identificación Hembra	Cría		
	Sexo	Indentficación	Peso		Sexo	Indentficación	Peso

Muertes

Jóvenes				Jóvenes			
Identificación	Sexo	Identificación	Sexo	Identificación	Sexo	Identificación	Sexo

Comentarios: _____

_____

_____

20 de Abril

Nº de Vacas en producción	
2 Ordeños	En secado

Producción de Leche		
am.	pm.	Total

Potrero en ocupación		
Identificación	Especie	Día de ocup.

Partos

Identificación Hembra	Condición Corporal	Cría			Observaciones
		Sexo	Indentificación	Peso	

Servicios

Identificación Hembra	Identificación Reproductor	Técnico Inseminador

Identificación Hembra	Identificación Reproductor	Técnico Inseminador

Secados - Destetes

Identificación Hembra	Cría		
	Sexo	Indentficación	Peso

Identificación Hembra	Cría		
	Sexo	Indentficación	Peso

Muertes

Jóvenes			
Identificación	Sexo	Identificación	Sexo

Jóvenes			
Identificación	Sexo	Identificación	Sexo

Comentarios: _____

_____

_____

ᗺ INTA Ganadera

21 de Abril

Nº de Vacas en producción	
2 Ordeños	En secado

Producción de Leche				Potrero en ocupación		
am.	pm.	Total		Identificación	Especie	Día de ocup.

Partos

Identificación Hembra	Condición Corporal	Cría			Observaciones
		Sexo	Indentificación	Peso	

Servicios

Identificación Hembra	Identificación Reproductor	Técnico Inseminador	Identificación Hembra	Identificación Reproductor	Técnico Inseminador

Secados - Destetes

Identificación Hembra	Cría			Identificación Hembra	Cría		
	Sexo	Indentficación	Peso		Sexo	Indentficación	Peso

Muertes

Jóvenes				Jóvenes			
Identificación	Sexo	Identificación	Sexo	Identificación	Sexo	Identificación	Sexo

Comentarios: _____
_____
_____

22 de Abril

N° de Vacas en producción	
2 Ordeños	En secado

Producción de Leche				Potrero en ocupación		

am.	pm.	Total		Identificación	Especie	Día de ocup.

Partos

Identificación Hembra	Condición Corporal	Cría			Observaciones
		Sexo	Indentificación	Peso	

Servicios

Identificación Hembra	Identificación Reproductor	Técnico Inseminador	Identificación Hembra	Identificación Reproductor	Técnico Inseminador

Secados - Destetes

Identificación Hembra	Cría			Identificación Hembra	Cría		
	Sexo	Indentficación	Peso		Sexo	Indentficación	Peso

Muertes

Jóvenes				Jóvenes			
Identificación	Sexo	Identificación	Sexo	Identificación	Sexo	Identificación	Sexo

Comentarios: _____

_____

_____

23 de Abril

Nº de Vacas en producción	
2 Ordeños	En secado

Producción de Leche		
am.	pm.	Total

Potrero en ocupación		
Identificación	Especie	Día de ocup.

Partos

Identificación Hembra	Condición Corporal	Cría			Observaciones
		Sexo	Indentificación	Peso	

Servicios

Identificación Hembra	Identificación Reproductor	Técnico Inseminador

Identificación Hembra	Identificación Reproductor	Técnico Inseminador

Secados - Destetes

Identificación Hembra	Cría		
	Sexo	Indentficación	Peso

Identificación Hembra	Cría		
	Sexo	Indentficación	Peso

Muertes

Jóvenes			
Identificación	Sexo	Identificación	Sexo

Jóvenes			
Identificación	Sexo	Identificación	Sexo

Comentarios: _____

_____

_____

ᄇ intar Ganadera

24 de Abril

Nº de Vacas en producción	
2 Ordeños	En secado

Producción de Leche		
am.	pm.	Total

Potrero en ocupación		
Identificación	Especie	Día de ocup.

Partos

Identificación Hembra	Condición Corporal	Cría			Observaciones
		Sexo	Indentificación	Peso	

Servicios

Identificación Hembra	Identificación Reproductor	Técnico Inseminador	Identificación Hembra	Identificación Reproductor	Técnico Inseminador

Secados - Destetes

Identificación Hembra	Cría			Identificación Hembra	Cría		
	Sexo	Indentficación	Peso		Sexo	Indentficación	Peso

Muertes

Jóvenes				Jóvenes			
Identificación	Sexo	Identificación	Sexo	Identificación	Sexo	Identificación	Sexo

Comentarios: _____

_____

_____

Ⅴ ınʈɑr Ganadera

25 ^{de} Abril

Nº de Vacas en producción	
2 Ordeños	En secado

Producción de Leche		
am.	pm.	Total

Potrero en ocupación		
Identificación	Especie	Día de ocup.

Partos

Identificación Hembra	Condición Corporal	Cría			Observaciones
		Sexo	Indentificación	Peso	

Servicios

Identificación Hembra	Identificación Reproductor	Técnico Inseminador	Identificación Hembra	Identificación Reproductor	Técnico Inseminador

Secados - Destetes

Identificación Hembra	Cría			Identificación Hembra	Cría		
	Sexo	Indentficación	Peso		Sexo	Indentficación	Peso

Muertes

Jóvenes				Jóvenes			
Identificación	Sexo	Identificación	Sexo	Identificación	Sexo	Identificación	Sexo

Comentarios: _____

_____

_____

26 de Abril

Nº de Vacas en producción	
2 Ordeños	En secado

Producción de Leche		
am.	pm.	Total

Potrero en ocupación		
Identificación	Especie	Día de ocup.

Partos

Identificación Hembra	Condición Corporal	Cría			Observaciones
		Sexo	Indentificación	Peso	

Servicios

Identificación Hembra	Identificación Reproductor	Técnico Inseminador	Identificación Hembra	Identificación Reproductor	Técnico Inseminador

Secados - Destetes

Identificación Hembra	Cría			Identificación Hembra	Cría		
	Sexo	Indentficación	Peso		Sexo	Indentficación	Peso

Muertes

Jóvenes				Jóvenes			
Identificación	Sexo	Identificación	Sexo	Identificación	Sexo	Identificación	Sexo

Comentarios: _____
_____
_____

᎙INTɑ Ganadera

27 ^{de} Abril

Nº de Vacas en producción	
2 Ordeños	En secado

Producción de Leche		
am.	pm.	Total

Potrero en ocupación		
Identificación	Especie	Día de ocup.

Partos

Identificación Hembra	Condición Corporal	Cría			Observaciones
		Sexo	Indentificación	Peso	

Servicios

Identificación Hembra	Identificación Reproductor	Técnico Inseminador

Identificación Hembra	Identificación Reproductor	Técnico Inseminador

Secados - Destetes

Identificación Hembra	Cria		
	Sexo	Indentficación	Peso

Identificación Hembra	Cria		
	Sexo	Indentficación	Peso

Muertes

Jóvenes			
Identificación	Sexo	Identificación	Sexo

Jóvenes			
Identificación	Sexo	Identificación	Sexo

Comentarios: _____

_____

_____

intar Ganadera

28 de Abril

Nº de Vacas en producción	
2 Ordeños	En secado

Producción de Leche		
am.	pm.	Total

Potrero en ocupación		
Identificación	Especie	Día de ocup.

Partos

Identificación Hembra	Condición Corporal	Cría			Observaciones
		Sexo	Indentificación	Peso	

Servicios

Identificación Hembra	Identificación Reproductor	Técnico Inseminador

Identificación Hembra	Identificación Reproductor	Técnico Inseminador

Secados - Destetes

Identificación Hembra	Cría		
	Sexo	Indentficación	Peso

Identificación Hembra	Cría		
	Sexo	Indentficación	Peso

Muertes

Jóvenes			
Identificación	Sexo	Identificación	Sexo

Jóvenes			
Identificación	Sexo	Identificación	Sexo

Comentarios: _____

ᗉ ınTar Ganadera

29 ^{de}Abril

Nº de Vacas en producción	
2 Ordeños	En secado

Producción de Leche		
am.	pm.	Total

Potrero en ocupación		
Identificación	Especie	Día de ocup.

Partos

Identificación Hembra	Condición Corporal	Cría			Observaciones
		Sexo	Indentificación	Peso	

Servicios

Identificación Hembra	Identificación Reproductor	Técnico Inseminador

Identificación Hembra	Identificación Reproductor	Técnico Inseminador

Secados - Destetes

Identificación Hembra	Cría		
	Sexo	Indentficación	Peso

Identificación Hembra	Cría		
	Sexo	Indentficación	Peso

Muertes

Jóvenes			
Identificación	Sexo	Identificación	Sexo

Jóvenes			
Identificación	Sexo	Identificación	Sexo

Comentarios: _____

_____

_____

30 de Abril

Nº de Vacas en producción	
2 Ordeños	En secado

Producción de Leche		
am.	pm.	Total

Potrero en ocupación		
Identificación	Especie	Día de ocup.

Partos

Identificación Hembra	Condición Corporal	Cría			Observaciones
		Sexo	Indentificación	Peso	

Servicios

Identificación Hembra	Identificación Reproductor	Técnico Inseminador	Identificación Hembra	Identificación Reproductor	Técnico Inseminador

Secados - Destetes

Identificación Hembra	Cría			Identificación Hembra	Cría		
	Sexo	Indentficación	Peso		Sexo	Indentficación	Peso

Muertes

Jóvenes				Jóvenes			
Identificación	Sexo	Identificación	Sexo	Identificación	Sexo	Identificación	Sexo

Comentarios: _____

_____

_____

Resumen de Eventos Diarios
(Registro Cuantitativo Abril)

ᵕ intar Ganadera

Día	Hembras Paridas	Nacimientos		Hembras Secadas	Terneros destetados		Mortalidad Adultos	Mortalidad jóvenes		Ventas	Compras
		M	H		M	H		M	H		
1											
2											
3											
4											
5											
6											
7											
8											
9											
10											
11											
12											
13											
14											
15											
16											
17											
18											
19											
20											
21											
22											
23											
24											
25											
26											
27											
28											
29											
30											
31											
Total											

Control Mensual del Rebaño

Abril

▽ **intar** Ganadera

	Reproductores	Hembras		Novillos	Novillas	Terneros Desetados	Terneras Desetadas	Terneros lactantes		Total	
		Prod.	Secas					H	M	Cabezas	U.A.
Existencia Anterior											
Nacimientos											
Compras											
Mortalidad											
Ventas											
Cambio de Estado											
Balance											

Control de Prácticas Sanitarias

⋃ inTa Ganadera

Abril

Vacunas

Vacunas	Fecha	N° Dosis Adultos	N° Dosis Jóvenes M	N° Dosis Jóvenes H	Fecha Vacunación	Laboratorio	Lote N°	Fecha Vencimiento de la Vacuna
Fiebre Aftosa								
Estomatitis Vesicular								
Brucelosis								
Clostridiales								
Leptospirosis								

Control Parasitario

Control Parasitario	Fecha	Dosis Adultos	Dosis Jóvenes	Via Administración	Fecha de Repetición
Endoparasitos					
Ectoparasitos					
Agentes Hemotropicos					

Pruebas Diagnosticas

Pruebas Diagnosticas	Fecha	N° de Pruebas Adultos	N° de Pruebas Jóvenes	N° de Reacciones Positivas	Fecha de Repetición de la prueba
P. Brucelosis					
P. Tuberculina					
P. Mastitis					

Resumen Mensual Abril
(Producción y Eventos)

Venta	Producción Total (L)	Nº Días	Producción Prom./Día	Nº Prom.Vacas Ord./Día	Producciones Vaca/Ord./Día
Leche					

Venta de Carne	Nº Animales	Kg Totales	Precio Venta	Total Ingreso
Reproductores (Descarte)				
Hembras (Descarte)				
Novillos				
Novillas				
Terneros(as) Destetados				
Terneros(as) Lactantes				
Total General				

Evento	Total
Partos	

Evento	Nº Machos	Nº Hembras	Total
Nacimientos			

Evento	Inseminación Artificial Nº	Monta Natural Nº	Total
Servicios			

Evento	Reproductores	Hembras	Novillos Novillas	Terneros(as) Destetados	Terneros(as) Lactantes	Total
Muertes						

Comentarios: _____
_____
_____
_____
_____
_____

1 ^{de} Mayo

Nº de Vacas en producción	
2 Ordeños	En secado

Producción de Leche		
am.	pm.	Total

Potrero en ocupación		
Identificación	Especie	Día de ocup.

Partos

Identificación Hembra	Condición Corporal	Cría			Observaciones
		Sexo	Indentificación	Peso	

Servicios

Identificación Hembra	Identificación Reproductor	Técnico Inseminador	Identificación Hembra	Identificación Reproductor	Técnico Inseminador

Secados - Destetes

Identificación Hembra	Cría			Identificación Hembra	Cría		
	Sexo	Indentficación	Peso		Sexo	Indentficación	Peso

Muertes

Jóvenes				Jóvenes			
Identificación	Sexo	Identificación	Sexo	Identificación	Sexo	Identificación	Sexo

Comentarios: _____

_____

_____

2 de Mayo

Nº de Vacas en producción	
2 Ordeños	En secado

Producción de Leche				Potrero en ocupación		
am.	pm.	Total		Identificación	Especie	Día de ocup.

Partos

Identificación Hembra	Condición Corporal	Cría			Observaciones
		Sexo	Indentificación	Peso	

Servicios

Identificación Hembra	Identificación Reproductor	Técnico Inseminador	Identificación Hembra	Identificación Reproductor	Técnico Inseminador

Secados - Destetes

Identificación Hembra	Cría			Identificación Hembra	Cría		
	Sexo	Indentficación	Peso		Sexo	Indentficación	Peso

Muertes

Jóvenes				Jóvenes			
Identificación	Sexo	Identificación	Sexo	Identificación	Sexo	Identificación	Sexo

Comentarios: _____

_____

_____

ỻ inTɑr Ganadera

3 ^{de} Mayo

Nº de Vacas en producción	
2 Ordeños	En secado

Producción de Leche			Potrero en ocupación		
am.	pm.	Total	Identificación	Especie	Día de ocup.

Partos

Identificación Hembra	Condición Corporal	Cría			Observaciones
		Sexo	Indentificación	Peso	

Servicios

Identificación Hembra	Identificación Reproductor	Técnico Inseminador	Identificación Hembra	Identificación Reproductor	Técnico Inseminador

Secados - Destetes

Identificación Hembra	Cría			Identificación Hembra	Cría		
	Sexo	Indentficación	Peso		Sexo	Indentficación	Peso

Muertes

Jóvenes				Jóvenes			
Identificación	Sexo	Identificación	Sexo	Identificación	Sexo	Identificación	Sexo

Comentarios: _____

_____

_____

4 ^{de} Mayo

N° de Vacas en producción	
2 Ordeños	En secado

Producción de Leche		
am.	pm.	Total

Potrero en ocupación		
Identificación	Especie	Día de ocup.

Partos

Identificación Hembra	Condición Corporal	Cría			Observaciones
		Sexo	Indentificación	Peso	

Servicios

Identificación Hembra	Identificación Reproductor	Técnico Inseminador

Identificación Hembra	Identificación Reproductor	Técnico Inseminador

Secados - Destetes

Identificación Hembra	Cría		
	Sexo	Indentficación	Peso

Identificación Hembra	Cría		
	Sexo	Indentficación	Peso

Muertes

Jóvenes			
Identificación	Sexo	Identificación	Sexo

Jóvenes			
Identificación	Sexo	Identificación	Sexo

Comentarios: _____

_____

_____

 **ınтɑr** Ganadera

5 ^{de} Mayo

Nº de Vacas en producción	
2 Ordeños	En secado

Producción de Leche		
am.	pm.	Total

Potrero en ocupación		
Identificación	Especie	Día de ocup.

Partos

Identificación Hembra	Condición Corporal	Cría			Observaciones
		Sexo	Indentificación	Peso	

Servicios

Identificación Hembra	Identificación Reproductor	Técnico Inseminador

Identificación Hembra	Identificación Reproductor	Técnico Inseminador

Secados - Destetes

Identificación Hembra	Cría		
	Sexo	Indentficación	Peso

Identificación Hembra	Cría		
	Sexo	Indentficación	Peso

Muertes

Jóvenes			
Identificación	Sexo	Identificación	Sexo

Jóvenes			
Identificación	Sexo	Identificación	Sexo

Comentarios: _____

_____

_____

6 de Mayo

N° de Vacas en producción	
2 Ordeños	En secado

Producción de Leche			
am.	pm.		Total

Potrero en ocupación		
Identificación	Especie	Día de ocup.

Partos

Identificación Hembra	Condición Corporal	Cría			Observaciones
		Sexo	Indentificación	Peso	

Servicios

Identificación Hembra	Identificación Reproductor	Técnico Inseminador	Identificación Hembra	Identificación Reproductor	Técnico Inseminador

Secados - Destetes

Identificación Hembra	Cría			Identificación Hembra	Cría		
	Sexo	Indentficación	Peso		Sexo	Indentficación	Peso

Muertes

Jóvenes				Jóvenes			
Identificación	Sexo	Identificación	Sexo	Identificación	Sexo	Identificación	Sexo

Comentarios: _____

_____

_____

7 de Mayo

Nº de Vacas en producción	
2 Ordeños	En secado

Producción de Leche			Potrero en ocupación		
am.	pm.	Total	Identificación	Especie	Día de ocup.

Partos

Identificación Hembra	Condición Corporal	Cría			Observaciones
		Sexo	Indentificación	Peso	

Servicios

Identificación Hembra	Identificación Reproductor	Técnico Inseminador	Identificación Hembra	Identificación Reproductor	Técnico Inseminador

Secados - Destetes

Identificación Hembra	Cría			Identificación Hembra	Cría		
	Sexo	Indentficación	Peso		Sexo	Indentficación	Peso

Muertes

Jóvenes				Jóvenes			
Identificación	Sexo	Identificación	Sexo	Identificación	Sexo	Identificación	Sexo

Comentarios: _____

_____

_____

8 de Mayo

N° de Vacas en producción	
2 Ordeños	En secado

Producción de Leche		
am.	pm.	Total

Potrero en ocupación		
Identificación	Especie	Día de ocup.

Partos

Identificación Hembra	Condición Corporal	Cría			Observaciones
		Sexo	Indentificación	Peso	

Servicios

Identificación Hembra	Identificación Reproductor	Técnico Inseminador

Identificación Hembra	Identificación Reproductor	Técnico Inseminador

Secados - Destetes

Identificación Hembra	Cría		
	Sexo	Indentficación	Peso

Identificación Hembra	Cría		
	Sexo	Indentficación	Peso

Muertes

Jóvenes			
Identificación	Sexo	Identificación	Sexo

Jóvenes			
Identificación	Sexo	Identificación	Sexo

Comentarios: _____

_____

_____

ᔜ ınɾɑr Ganadera

9 de **Mayo**

Nº de Vacas en producción	
2 Ordeños	En secado

Producción de Leche		
am.	pm.	Total

Potrero en ocupación		
Identificación	Especie	Día de ocup.

Partos

Identificación Hembra	Condición Corporal	Cría			Observaciones
		Sexo	Indentificación	Peso	

Servicios

Identificación Hembra	Identificación Reproductor	Técnico Inseminador	Identificación Hembra	Identificación Reproductor	Técnico Inseminador

Secados - Destetes

Identificación Hembra	Cría			Identificación Hembra	Cría		
	Sexo	Indentficación	Peso		Sexo	Indentficación	Peso

Muertes

Jóvenes				Jóvenes			
Identificación	Sexo	Identificación	Sexo	Identificación	Sexo	Identificación	Sexo

Comentarios: _____

_____

_____

10 ^{de} Mayo

Nº de Vacas en producción	
2 Ordeños	En secado

Producción de Leche		
am.	pm.	Total

Potrero en ocupación		
Identificación	Especie	Día de ocup.

Partos

Identificación Hembra	Condición Corporal	Cría			Observaciones
		Sexo	Indentificación	Peso	

Servicios

Identificación Hembra	Identificación Reproductor	Técnico Inseminador	Identificación Hembra	Identificación Reproductor	Técnico Inseminador

Secados - Destetes

Identificación Hembra	Cría			Identificación Hembra	Cría		
	Sexo	Indentficación	Peso		Sexo	Indentficación	Peso

Muertes

Jóvenes				Jóvenes			
Identificación	Sexo	Identificación	Sexo	Identificación	Sexo	Identificación	Sexo

Comentarios: _____

_____

_____

ↄ INTA Ganadera

11 ^{de} Mayo

Nº de Vacas en producción	
2 Ordeños	En secado

Producción de Leche		
am.	pm.	Total

Potrero en ocupación		
Identificación	Especie	Día de ocup.

Partos

Identificación Hembra	Condición Corporal	Cría			Observaciones
		Sexo	Indentificación	Peso	

Servicios

Identificación Hembra	Identificación Reproductor	Técnico Inseminador

Identificación Hembra	Identificación Reproductor	Técnico Inseminador

Secados - Destetes

Identificación Hembra	Cría		
	Sexo	Indentficación	Peso

Identificación Hembra	Cría		
	Sexo	Indentficación	Peso

Muertes

Jóvenes			
Identificación	Sexo	Identificación	Sexo

Jóvenes			
Identificación	Sexo	Identificación	Sexo

Comentarios: _____
_____
_____

12 ^{de} Mayo

Nº de Vacas en producción	
2 Ordeños	En secado

Producción de Leche		
am.	pm.	Total

Potrero en ocupación		
Identificación	Especie	Día de ocup.

Partos

Identificación Hembra	Condición Corporal	Cría			Observaciones
		Sexo	Indentificación	Peso	

Servicios

Identificación Hembra	Identificación Reproductor	Técnico Inseminador	Identificación Hembra	Identificación Reproductor	Técnico Inseminador

Secados - Destetes

Identificación Hembra	Cría			Identificación Hembra	Cría		
	Sexo	Indentficación	Peso		Sexo	Indentficación	Peso

Muertes

Jóvenes				Jóvenes			
Identificación	Sexo	Identificación	Sexo	Identificación	Sexo	Identificación	Sexo

Comentarios: _____

_____

_____

inTar Ganadera

13 de Mayo

Nº de Vacas en producción	
2 Ordeños	En secado

Producción de Leche				Potrero en ocupación		
am.	pm.	Total		Identificación	Especie	Día de ocup.

Partos

Identificación Hembra	Condición Corporal	Cría			Observaciones
		Sexo	Indentificación	Peso	

Servicios

Identificación Hembra	Identificación Reproductor	Técnico Inseminador	Identificación Hembra	Identificación Reproductor	Técnico Inseminador

Secados - Destetes

Identificación Hembra	Cría			Identificación Hembra	Cría		
	Sexo	Indentficación	Peso		Sexo	Indentficación	Peso

Muertes

Jóvenes				Jóvenes			
Identificación	Sexo	Identificación	Sexo	Identificación	Sexo	Identificación	Sexo

Comentarios: _____

_____

_____

14 de Mayo

Nº de Vacas en producción	
2 Ordeños	En secado

Producción de Leche		
am.	pm.	Total

Potrero en ocupación		
Identificación	Especie	Día de ocup.

Partos

Identificación Hembra	Condición Corporal	Cría			Observaciones
		Sexo	Indentificación	Peso	

Servicios

Identificación Hembra	Identificación Reproductor	Técnico Inseminador	Identificación Hembra	Identificación Reproductor	Técnico Inseminador

Secados - Destetes

Identificación Hembra	Cría			Identificación Hembra	Cría		
	Sexo	Indentficación	Peso		Sexo	Indentficación	Peso

Muertes

Jóvenes				Jóvenes			
Identificación	Sexo	Identificación	Sexo	Identificación	Sexo	Identificación	Sexo

Comentarios: _____

_____

_____

 **inter** Ganadera

15 ^{de} Mayo

Nº de Vacas en producción	
2 Ordeños	En secado

Producción de Leche		
am.	pm.	Total

Potrero en ocupación		
Identificación	Especie	Día de ocup.

Partos

Identificación Hembra	Condición Corporal	Cría			Observaciones
		Sexo	Indentificación	Peso	

Servicios

Identificación Hembra	Identificación Reproductor	Técnico Inseminador	Identificación Hembra	Identificación Reproductor	Técnico Inseminador

Secados - Destetes

Identificación Hembra	Cría			Identificación Hembra	Cría		
	Sexo	Indentficación	Peso		Sexo	Indentficación	Peso

Muertes

Jóvenes				Jóvenes			
Identificación	Sexo	Identificación	Sexo	Identificación	Sexo	Identificación	Sexo

Comentarios: _____

_____

_____

16 de Mayo

Nº de Vacas en producción	
2 Ordeños	En secado

Producción de Leche			
am.	pm.	Total	

Potrero en ocupación		
Identificación	Especie	Día de ocup.

Partos

Identificación Hembra	Condición Corporal	Cria			Observaciones
		Sexo	Indentificación	Peso	

Servicios

Identificación Hembra	Identificación Reproductor	Técnico Inseminador	Identificación Hembra	Identificación Reproductor	Técnico Inseminador

Secados - Destetes

Identificación Hembra	Cria			Identificación Hembra	Cria		
	Sexo	Indentficación	Peso		Sexo	Indentficación	Peso

Muertes

Jóvenes				Jóvenes			
Identificación	Sexo	Identificación	Sexo	Identificación	Sexo	Identificación	Sexo

Comentarios: _____

_____

_____

Ỹ Inⴕɑⴕ Ganadera

17 de Mayo

Nº de Vacas en producción	
2 Ordeños	En secado

Producción de Leche				Potrero en ocupación		
am.	pm.	Total		Identificación	Especie	Día de ocup.

Partos

Identificación Hembra	Condición Corporal	Cría			Observaciones
		Sexo	Indentificación	Peso	

Servicios

Identificación Hembra	Identificación Reproductor	Técnico Inseminador	Identificación Hembra	Identificación Reproductor	Técnico Inseminador

Secados - Destetes

Identificación Hembra	Cría			Identificación Hembra	Cría		
	Sexo	Indentficación	Peso		Sexo	Indentficación	Peso

Muertes

Jóvenes				Jóvenes			
Identificación	Sexo	Identificación	Sexo	Identificación	Sexo	Identificación	Sexo

Comentarios: _____

_____

_____

18 ^{de} Mayo

N° de Vacas en producción	
2 Ordeños	En secado

Producción de Leche			Potrero en ocupación		
am.	pm.	Total	Identificación	Especie	Día de ocup.

Partos

Identificación Hembra	Condición Corporal	Cría			Observaciones
		Sexo	Indentificación	Peso	

Servicios

Identificación Hembra	Identificación Reproductor	Técnico Inseminador	Identificación Hembra	Identificación Reproductor	Técnico Inseminador

Secados - Destetes

Identificación Hembra	Cría			Identificación Hembra	Cría		
	Sexo	Indentficación	Peso		Sexo	Indentficación	Peso

Muertes

Jóvenes				Jóvenes			
Identificación	Sexo	Identificación	Sexo	Identificación	Sexo	Identificación	Sexo

Comentarios: _____

_____

_____

ᛞ ınтɑr Ganadera

19 de Mayo

N° de Vacas en producción	
2 Ordeños	En secado

Producción de Leche			
am.	pm.	Total	

Potrero en ocupación		
Identificación	Especie	Día de ocup.

Partos

Identificación Hembra	Condición Corporal	Cría			Observaciones
		Sexo	Indentificación	Peso	

Servicios

Identificación Hembra	Identificación Reproductor	Técnico Inseminador	Identificación Hembra	Identificación Reproductor	Técnico Inseminador

Secados - Destetes

Identificación Hembra	Cría			Identificación Hembra	Cría		
	Sexo	Indentficación	Peso		Sexo	Indentficación	Peso

Muertes

Jóvenes				Jóvenes			
Identificación	Sexo	Identificación	Sexo	Identificación	Sexo	Identificación	Sexo

Comentarios: _____
_____
_____

ᛘ intar Ganadera

20 de Mayo

Nº de Vacas en producción	
2 Ordeños	En secado

Producción de Leche		
am.	pm.	Total

Potrero en ocupación		
Identificación	Especie	Día de ocup.

Partos

Identificación Hembra	Condición Corporal	Cría			Observaciones
		Sexo	Indentificación	Peso	

Servicios

Identificación Hembra	Identificación Reproductor	Técnico Inseminador	Identificación Hembra	Identificación Reproductor	Técnico Inseminador

Secados - Destetes

Identificación Hembra	Cría			Identificación Hembra	Cría		
	Sexo	Indentficación	Peso		Sexo	Indentficación	Peso

Muertes

Jóvenes				Jóvenes			
Identificación	Sexo	Identificación	Sexo	Identificación	Sexo	Identificación	Sexo

Comentarios: _____
_____
_____

ɄInTar Ganadera

21 ^{de} Mayo

Nº de Vacas en producción	
2 Ordeños	En secado

Producción de Leche		
am.	pm.	Total

Potrero en ocupación		
Identificación	Especie	Día de ocup.

Partos

Identificación Hembra	Condición Corporal	Cría			Observaciones
		Sexo	Indentificación	Peso	

Servicios

Identificación Hembra	Identificación Reproductor	Técnico Inseminador

Identificación Hembra	Identificación Reproductor	Técnico Inseminador

Secados - Destetes

Identificación Hembra	Cría		
	Sexo	Indentficación	Peso

Identificación Hembra	Cría		
	Sexo	Indentficación	Peso

Muertes

Jóvenes			
Identificación	Sexo	Identificación	Sexo

Jóvenes			
Identificación	Sexo	Identificación	Sexo

Comentarios: _____

_____

_____

22 ^{de} Mayo

Nº de Vacas en producción	
2 Ordeños	En secado

Producción de Leche		
am.	pm.	Total

Potrero en ocupación		
Identificación	Especie	Día de ocup.

Partos

Identificación Hembra	Condición Corporal	Cría			Observaciones
		Sexo	Indentificación	Peso	

Servicios

Identificación Hembra	Identificación Reproductor	Técnico Inseminador	Identificación Hembra	Identificación Reproductor	Técnico Inseminador

Secados - Destetes

Identificación Hembra	Cría			Identificación Hembra	Cría		
	Sexo	Indentficación	Peso		Sexo	Indentficación	Peso

Muertes

Jóvenes				Jóvenes			
Identificación	Sexo	Identificación	Sexo	Identificación	Sexo	Identificación	Sexo

Comentarios: _____

_____

_____

ᕫinᴛɑr Ganadera

23 de Mayo

Nº de Vacas en producción	
2 Ordeños	En secado

Producción de Leche		
am.	pm.	Total

Potrero en ocupación		
Identificación	Especie	Día de ocup.

Partos

Identificación Hembra	Condición Corporal	Cría			Observaciones
		Sexo	Indentificación	Peso	

Servicios

Identificación Hembra	Identificación Reproductor	Técnico Inseminador	Identificación Hembra	Identificación Reproductor	Técnico Inseminador

Secados - Destetes

Identificación Hembra	Cría			Identificación Hembra	Cría		
	Sexo	Indentficación	Peso		Sexo	Indentficación	Peso

Muertes

Jóvenes				Jóvenes			
Identificación	Sexo	Identificación	Sexo	Identificación	Sexo	Identificación	Sexo

Comentarios: _____

_____

_____

⩌ınтɑr Ganadera

24 de Mayo

Nº de Vacas en producción	
2 Ordeños	En secado

Producción de Leche				Potrero en ocupación		
am.	pm.	Total		Identificación	Especie	Día de ocup.

Partos

Identificación Hembra	Condición Corporal	Cría			Observaciones
		Sexo	Indentificación	Peso	

Servicios

Identificación Hembra	Identificación Reproductor	Técnico Inseminador	Identificación Hembra	Identificación Reproductor	Técnico Inseminador

Secados - Destetes

Identificación Hembra	Cría			Identificación Hembra	Cría		
	Sexo	Indentficación	Peso		Sexo	Indentficación	Peso

Muertes

Jóvenes				Jóvenes			
Identificación	Sexo	Identificación	Sexo	Identificación	Sexo	Identificación	Sexo

Comentarios: _____

25 ^{de} Mayo

N° de Vacas en producción	
2 Ordeños	En secado

Producción de Leche		
am.	pm.	Total

Potrero en ocupación		
Identificación	Especie	Día de ocup.

Partos

Identificación Hembra	Condición Corporal	Cría			Observaciones
		Sexo	Indentificación	Peso	

Servicios

Identificación Hembra	Identificación Reproductor	Técnico Inseminador

Identificación Hembra	Identificación Reproductor	Técnico Inseminador

Secados - Destetes

Identificación Hembra	Cría		
	Sexo	Indentficación	Peso

Identificación Hembra	Cría		
	Sexo	Indentficación	Peso

Muertes

Jóvenes			
Identificación	Sexo	Identificación	Sexo

Jóvenes			
Identificación	Sexo	Identificación	Sexo

Comentarios: _____

_____

_____

26 ^{de} Mayo

Nº de Vacas en producción	
2 Ordeños	En secado

Producción de Leche		
am.	pm.	Total

Potrero en ocupación		
Identificación	Especie	Día de ocup.

Partos

Identificación Hembra	Condición Corporal	Cría			Observaciones
		Sexo	Indentificación	Peso	

Servicios

Identificación Hembra	Identificación Reproductor	Técnico Inseminador	Identificación Hembra	Identificación Reproductor	Técnico Inseminador

Secados - Destetes

Identificación Hembra	Cría			Identificación Hembra	Cría		
	Sexo	Indentficación	Peso		Sexo	Indentficación	Peso

Muertes

Jóvenes				Jóvenes			
Identificación	Sexo	Identificación	Sexo	Identificación	Sexo	Identificación	Sexo

Comentarios: _____

INTA Ganadera

27 de Mayo

Nº de Vacas en producción	
2 Ordeños	En secado

Producción de Leche				Potrero en ocupación		
am.	pm.	Total		Identificación	Especie	Día de ocup.

Partos

Identificación Hembra	Condición Corporal	Cría			Observaciones
		Sexo	Indentificación	Peso	

Servicios

Identificación Hembra	Identificación Reproductor	Técnico Inseminador	Identificación Hembra	Identificación Reproductor	Técnico Inseminador

Secados - Destetes

Identificación Hembra	Cría			Identificación Hembra	Cría		
	Sexo	Indentficación	Peso		Sexo	Indentficación	Peso

Muertes

Jóvenes				Jóvenes			
Identificación	Sexo	Identificación	Sexo	Identificación	Sexo	Identificación	Sexo

Comentarios: _____

_____

_____

28 de Mayo

Nº de Vacas en producción	
2 Ordeños	En secado

Producción de Leche			
am.	pm.	Total	

Potrero en ocupación		
Identificación	Especie	Día de ocup.

Partos

Identificación Hembra	Condición Corporal	Cría			Observaciones
		Sexo	Indentificación	Peso	

Servicios

Identificación Hembra	Identificación Reproductor	Técnico Inseminador	Identificación Hembra	Identificación Reproductor	Técnico Inseminador

Secados - Destetes

Identificación Hembra	Cría			Identificación Hembra	Cría		
	Sexo	Indentficación	Peso		Sexo	Indentficación	Peso

Muertes

Jóvenes				Jóvenes			
Identificación	Sexo	Identificación	Sexo	Identificación	Sexo	Identificación	Sexo

Comentarios: _____

_____

_____

ᗱ ınᴛɑr Ganadera

29 ^{de} Mayo

Nº de Vacas en producción	
2 Ordeños	En secado

Producción de Leche		
am.	pm.	Total

Potrero en ocupación		
Identificación	Especie	Día de ocup.

Partos

Identificación Hembra	Condición Corporal	Cría			Observaciones
		Sexo	Indentificación	Peso	

Servicios

Identificación Hembra	Identificación Reproductor	Técnico Inseminador

Identificación Hembra	Identificación Reproductor	Técnico Inseminador

Secados - Destetes

Identificación Hembra	Cría		
	Sexo	Indentficación	Peso

Identificación Hembra	Cría		
	Sexo	Indentficación	Peso

Muertes

Jóvenes			
Identificación	Sexo	Identificación	Sexo

Jóvenes			
Identificación	Sexo	Identificación	Sexo

Comentarios: _____
_____
_____

30 de Mayo

Nº de Vacas en producción	
2 Ordeños	En secado

Producción de Leche				Potrero en ocupación		
am.	pm.	Total		Identificación	Especie	Día de ocup.

Partos

Identificación Hembra	Condición Corporal	Cría			Observaciones
		Sexo	Indentificación	Peso	

Servicios

Identificación Hembra	Identificación Reproductor	Técnico Inseminador	Identificación Hembra	Identificación Reproductor	Técnico Inseminador

Secados - Destetes

Identificación Hembra	Cría			Identificación Hembra	Cría		
	Sexo	Indentficación	Peso		Sexo	Indentficación	Peso

Muertes

Jóvenes				Jóvenes			
Identificación	Sexo	Identificación	Sexo	Identificación	Sexo	Identificación	Sexo

Comentarios: _____

_____

_____

♉ **intar** Ganadera

31 de Mayo

N° de Vacas en producción	
2 Ordeños	En secado

Producción de Leche		
am.	pm.	Total

Potrero en ocupación		
Identificación	Especie	Día de ocup.

Partos

Identificación Hembra	Condición Corporal	Cría			Observaciones
		Sexo	Indentificación	Peso	

Servicios

Identificación Hembra	Identificación Reproductor	Técnico Inseminador

Identificación Hembra	Identificación Reproductor	Técnico Inseminador

Secados - Destetes

Identificación Hembra	Cría		
	Sexo	Indentficación	Peso

Identificación Hembra	Cría		
	Sexo	Indentficación	Peso

Muertes

Jóvenes			
Identificación	Sexo	Identificación	Sexo

Jóvenes			
Identificación	Sexo	Identificación	Sexo

Comentarios: _____

_____

_____

Resumen de Eventos Diarios
(Registro Cuantitativo Mayo)

Día	Hembras Paridas	Nacimientos		Hembras Secadas	Terneros destetados		Mortalidad Adultos	Mortalidad jóvenes		Ventas	Compras
		M	H		M	H		M	H		
1											
2											
3											
4											
5											
6											
7											
8											
9											
10											
11											
12											
13											
14											
15											
16											
17											
18											
19											
20											
21											
22											
23											
24											
25											
26											
27											
28											
29											
30											
31											
Total											

Control Mensual del Rebaño

Mayo

	Reproductores	Hembras		Novillos	Novillas	Terneros Destetados	Terneras Destetadas	Terneros lactantes		Total	
		Prod.	Secas					H	M	Cabezas	U.A.
Existencia Anterior											
Nacimientos											
Compras											
Mortalidad											
Ventas											
Cambio de Estado											
Balance											

Control de Prácticas Sanitarias

Mayo

Vacunas	Fecha	Nº Dosis			Fecha Vacunación	Laboratorio	Lote Nº	Fecha Vencimiento de la Vacuna
		Adultos	Jóvenes M	H				
Fiebre Aftosa								
Estomatitis Vesicular								
Brucelosis								
Clostridiales								
Leptospirosis								

Control Parasitario	Fecha	Dosis		Via Administración	Fecha de Repetición
		Adultos	Jóvenes		
Endoparasitos					
Ectoparasitos					
Agentes Hemotropicos					

Pruebas Diagnosticas	Fecha	Nº de Pruebas		Nº de Reacciones Positivas	Fecha de Repetición de la prueba
		Adultos	Jóvenes		
P. Brucelosis					
P. Tuberculina					
P. Mastitis					

 Ganadera

Resumen Mensual Mayo
(Producción y Eventos)

Venta	Producción Total (L)	Nº Días	Producción Prom./Día	Nº Prom.Vacas Ord./Día	Producciones Vaca/Ord./Día
Leche					

Venta de Carne	Nº Animales	Kg Totales	Precio Venta	Total Ingreso
Reproductores (Descarte)				
Hembras (Descarte)				
Novillos				
Novillas				
Terneros(as) Destetados				
Terneros(as) Lactantes				
Total General				

Evento	Total
Partos	

Evento	Nº Machos	Nº Hembras	Total
Nacimientos			

Evento	Inseminación Artificial Nº	Monta Natural Nº	Total
Servicios			

Evento	Reproductores	Hembras	Novillos Novillas	Terneros(as) Destetados	Terneros(as) Lactantes	Total
Muertes						

Comentarios: _____
_____
_____
_____
_____
_____

1de Junio

N° de Vacas en producción	
2 Ordeños	En secado

Producción de Leche		
am.	pm.	Total

Potrero en ocupación		
Identificación	Especie	Día de ocup.

Partos

Identificación Hembra	Condición Corporal	Cría			Observaciones
		Sexo	Indentificación	Peso	

Servicios

Identificación Hembra	Identificación Reproductor	Técnico Inseminador	Identificación Hembra	Identificación Reproductor	Técnico Inseminador

Secados - Destetes

Identificación Hembra	Cría			Identificación Hembra	Cría		
	Sexo	Indentficación	Peso		Sexo	Indentficación	Peso

Muertes

Jóvenes				Jóvenes			
Identificación	Sexo	Identificación	Sexo	Identificación	Sexo	Identificación	Sexo

Comentarios: _____

_____

_____

2 ^{de} Junio

Nº de Vacas en producción	
2 Ordeños	En secado

Producción de Leche		
am.	pm.	Total

Potrero en ocupación		
Identificación	Especie	Día de ocup.

Partos

Identificación Hembra	Condición Corporal	Cría			Observaciones
		Sexo	Indentificación	Peso	

Servicios

Identificación Hembra	Identificación Reproductor	Técnico Inseminador

Identificación Hembra	Identificación Reproductor	Técnico Inseminador

Secados - Destetes

Identificación Hembra	Cría		
	Sexo	Indentficación	Peso

Identificación Hembra	Cría		
	Sexo	Indentficación	Peso

Muertes

Jóvenes			
Identificación	Sexo	Identificación	Sexo

Jóvenes			
Identificación	Sexo	Identificación	Sexo

Comentarios: _____

_____

_____

3 ^{de} Junio

Nº de Vacas en producción	
2 Ordeños	En secado

Producción de Leche		
am.	pm.	Total

Potrero en ocupación		
Identificación	Especie	Día de ocup.

Partos

Identificación Hembra	Condición Corporal	Cría			Observaciones
		Sexo	Indentificación	Peso	

Servicios

Identificación Hembra	Identificación Reproductor	Técnico Inseminador	Identificación Hembra	Identificación Reproductor	Técnico Inseminador

Secados - Destetes

Identificación Hembra	Cría			Identificación Hembra	Cría		
	Sexo	Indentficación	Peso		Sexo	Indentficación	Peso

Muertes

Jóvenes				Jóvenes			
Identificación	Sexo	Identificación	Sexo	Identificación	Sexo	Identificación	Sexo

Comentarios: _____

_____

_____

intar Ganadera

4 de Junio

Nº de Vacas en producción	
2 Ordeños	En secado

Producción de Leche				Potrero en ocupación		
am.	pm.	Total		Identificación	Especie	Día de ocup.

Partos

Identificación Hembra	Condición Corporal	Cría			Observaciones
		Sexo	Indentificación	Peso	

Servicios

Identificación Hembra	Identificación Reproductor	Técnico Inseminador	Identificación Hembra	Identificación Reproductor	Técnico Inseminador

Secados - Destetes

Identificación Hembra	Cría			Identificación Hembra	Cría		
	Sexo	Indentficación	Peso		Sexo	Indentficación	Peso

Muertes

Jóvenes				Jóvenes			
Identificación	Sexo	Identificación	Sexo	Identificación	Sexo	Identificación	Sexo

Comentarios: _____

_____

_____

5 ^{de} Junio

N° de Vacas en producción	
2 Ordeños	En secado

Producción de Leche		
am.	pm.	Total

Potrero en ocupación		
Identificación	Especie	Día de ocup.

Partos

Identificación Hembra	Condición Corporal	Cría			Observaciones
		Sexo	Indentificación	Peso	

Servicios

Identificación Hembra	Identificación Reproductor	Técnico Inseminador

Identificación Hembra	Identificación Reproductor	Técnico Inseminador

Secados - Destetes

Identificación Hembra	Cría		
	Sexo	Indentficación	Peso

Identificación Hembra	Cría		
	Sexo	Indentficación	Peso

Muertes

Jóvenes			
Identificación	Sexo	Identificación	Sexo

Jóvenes			
Identificación	Sexo	Identificación	Sexo

Comentarios: _____

_____

_____

 **intar** Ganadera

6 de Junio

N° de Vacas en producción	
2 Ordeños	En secado

Producción de Leche		
am.	pm.	Total

Potrero en ocupación		
Identificación	Especie	Día de ocup.

Partos

Identificación Hembra	Condición Corporal	Cría			Observaciones
		Sexo	Indentificación	Peso	

Servicios

Identificación Hembra	Identificación Reproductor	Técnico Inseminador

Identificación Hembra	Identificación Reproductor	Técnico Inseminador

Secados - Destetes

Identificación Hembra	Cría		
	Sexo	Indentficación	Peso

Identificación Hembra	Cría		
	Sexo	Indentficación	Peso

Muertes

Jóvenes			
Identificación	Sexo	Identificación	Sexo

Jóvenes			
Identificación	Sexo	Identificación	Sexo

Comentarios: _____

_____

_____

7 de Junio

N° de Vacas en producción	
2 Ordeños	En secado

Producción de Leche			Potrero en ocupación		
am.	pm.	Total	Identificación	Especie	Día de ocup.

Partos

Identificación Hembra	Condición Corporal	Cría			Observaciones
		Sexo	Indentificación	Peso	

Servicios

Identificación Hembra	Identificación Reproductor	Técnico Inseminador	Identificación Hembra	Identificación Reproductor	Técnico Inseminador

Secados - Destetes

Identificación Hembra	Cría			Identificación Hembra	Cría		
	Sexo	Indentficación	Peso		Sexo	Indentficación	Peso

Muertes

Jóvenes				Jóvenes			
Identificación	Sexo	Identificación	Sexo	Identificación	Sexo	Identificación	Sexo

Comentarios: _____

_____

_____

∀ intar Ganadera

8 ^{de} Junio

Nº de Vacas en producción	
2 Ordeños	En secado

Producción de Leche		
am.	pm.	Total

Potrero en ocupación		
Identificación	Especie	Día de ocup.

Partos

Identificación Hembra	Condición Corporal	Cría			Observaciones
		Sexo	Indentificación	Peso	

Servicios

Identificación Hembra	Identificación Reproductor	Técnico Inseminador	Identificación Hembra	Identificación Reproductor	Técnico Inseminador

Secados - Destetes

Identificación Hembra	Cría			Identificación Hembra	Cría		
	Sexo	Indentficación	Peso		Sexo	Indentficación	Peso

Muertes

Jóvenes				Jóvenes			
Identificación	Sexo	Identificación	Sexo	Identificación	Sexo	Identificación	Sexo

Comentarios: _____

_____

_____

ᗐ intar Ganadera

9 ^{de} Junio

N° de Vacas en producción	
2 Ordeños	En secado

Producción de Leche		
am.	pm.	Total

Potrero en ocupación		
Identificación	Especie	Día de ocup.

Partos

Identificación Hembra	Condición Corporal	Cría			Observaciones
		Sexo	Indentificación	Peso	

Servicios

Identificación Hembra	Identificación Reproductor	Técnico Inseminador

Identificación Hembra	Identificación Reproductor	Técnico Inseminador

Secados - Destetes

Identificación Hembra	Cría		
	Sexo	Indentficación	Peso

Identificación Hembra	Cría		
	Sexo	Indentficación	Peso

Muertes

Jóvenes			
Identificación	Sexo	Identificación	Sexo

Jóvenes			
Identificación	Sexo	Identificación	Sexo

Comentarios: _____
_____
_____

ϑintar Ganadera

10 ^{de} Junio

Nº de Vacas en producción	
2 Ordeños	En secado

Producción de Leche		
am.	pm.	Total

Potrero en ocupación		
Identificación	Especie	Día de ocup.

Partos

Identificación Hembra	Condición Corporal	Cría			Observaciones
		Sexo	Indentificación	Peso	

Servicios

Identificación Hembra	Identificación Reproductor	Técnico Inseminador	Identificación Hembra	Identificación Reproductor	Técnico Inseminador

Secados - Destetes

Identificación Hembra	Cría			Identificación Hembra	Cría		
	Sexo	Indentficación	Peso		Sexo	Indentficación	Peso

Muertes

Jóvenes				Jóvenes			
Identificación	Sexo	Identificación	Sexo	Identificación	Sexo	Identificación	Sexo

Comentarios: _____

_____

_____

11de Junio

Nº de Vacas en producción	
2 Ordeños	En secado

Producción de Leche		
am.	pm.	Total

Potrero en ocupación		
Identificación	Especie	Día de ocup.

Partos

Identificación Hembra	Condición Corporal	Cría			Observaciones
		Sexo	Indentificación	Peso	

Servicios

Identificación Hembra	Identificación Reproductor	Técnico Inseminador

Identificación Hembra	Identificación Reproductor	Técnico Inseminador

Secados - Destetes

Identificación Hembra	Cría		
	Sexo	Indentficación	Peso

Identificación Hembra	Cría		
	Sexo	Indentficación	Peso

Muertes

Jóvenes			
Identificación	Sexo	Identificación	Sexo

Jóvenes			
Identificación	Sexo	Identificación	Sexo

Comentarios: _____

_____

_____

ᏞINTA Ganadera

12 ^{de} Junio

Nº de Vacas en producción	
2 Ordeños ·	En secado

Producción de Leche				Potrero en ocupación		
am.	pm.	Total		Identificación	Especie	Día de ocup.

Partos

Identificación Hembra	Condición Corporal	Cría			Observaciones
		Sexo	Indentificación	Peso	

Servicios

Identificación Hembra	Identificación Reproductor	Técnico Inseminador	Identificación Hembra	Identificación Reproductor	Técnico Inseminador

Secados - Destetes

Identificación Hembra	Cría			Identificación Hembra	Cría		
	Sexo	Indentficación	Peso		Sexo	Indentficación	Peso

Muertes

Jóvenes				Jóvenes			
Identificación	Sexo	Identificación	Sexo	Identificación	Sexo	Identificación	Sexo

Comentarios: _____

_____

_____

13 de Junio

N° de Vacas en producción	
2 Ordeños	En secado

Producción de Leche			
am.	pm.	Total

Potrero en ocupación		
Identificación	Especie	Día de ocup.

Partos

Identificación Hembra	Condición Corporal	Cría			Observaciones
		Sexo	Indentificación	Peso	

Servicios

Identificación Hembra	Identificación Reproductor	Técnico Inseminador	Identificación Hembra	Identificación Reproductor	Técnico Inseminador

Secados - Destetes

Identificación Hembra	Cría			Identificación Hembra	Cría		
	Sexo	Indentficación	Peso		Sexo	Indentficación	Peso

Muertes

Jóvenes				Jóvenes			
Identificación	Sexo	Identificación	Sexo	Identificación	Sexo	Identificación	Sexo

Comentarios: _____

_____

_____

14de Junio

Nº de Vacas en producción	
2 Ordeños	En secado

Producción de Leche		
am.	pm.	Total

Potrero en ocupación		
Identificación	Especie	Día de ocup.

Partos

Identificación Hembra	Condición Corporal	Cría			Observaciones
		Sexo	Indentificación	Peso	

Servicios

Identificación Hembra	Identificación Reproductor	Técnico Inseminador

Identificación Hembra	Identificación Reproductor	Técnico Inseminador

Secados - Destetes

Identificación Hembra	Cría		
	Sexo	Indentficación	Peso

Identificación Hembra	Cría		
	Sexo	Indentficación	Peso

Muertes

Jóvenes			
Identificación	Sexo	Identificación	Sexo

Jóvenes			
Identificación	Sexo	Identificación	Sexo

Comentarios: _____

_____

_____

15 ^{de} Junio

N° de Vacas en producción	
2 Ordeños	En secado

Producción de Leche		
am.	pm.	Total

Potrero en ocupación		
Identificación	Especie	Día de ocup.

Partos

Identificación Hembra	Condición Corporal	Cría			Observaciones
		Sexo	Indentificación	Peso	

Servicios

Identificación Hembra	Identificación Reproductor	Técnico Inseminador	Identificación Hembra	Identificación Reproductor	Técnico Inseminador

Secados - Destetes

Identificación Hembra	Cría			Identificación Hembra	Cría		
	Sexo	Indentficación	Peso		Sexo	Indentficación	Peso

Muertes

Jóvenes				Jóvenes			
Identificación	Sexo	Identificación	Sexo	Identificación	Sexo	Identificación	Sexo

Comentarios: _____

 Ganadera

16 de Junio

Nº de Vacas en producción	
2 Ordeños	En secado

Producción de Leche			
am.	pm.	Total	

Potrero en ocupación		
Identificación	Especie	Día de ocup.

Partos

Identificación Hembra	Condición Corporal	Cría			Observaciones
		Sexo	Indentificación	Peso	

Servicios

Identificación Hembra	Identificación Reproductor	Técnico Inseminador	Identificación Hembra	Identificación Reproductor	Técnico Inseminador

Secados - Destetes

Identificación Hembra	Cría			Identificación Hembra	Cría		
	Sexo	Indentficación	Peso		Sexo	Indentficación	Peso

Muertes

Jóvenes				Jóvenes			
Identificación	Sexo	Identificación	Sexo	Identificación	Sexo	Identificación	Sexo

Comentarios: _____

_____

_____

17de Junio

N° de Vacas en producción	
2 Ordeños	En secado

Producción de Leche		
am.	pm.	Total

Potrero en ocupación		
Identificación	Especie	Día de ocup.

Partos

Identificación Hembra	Condición Corporal	Cría			Observaciones
		Sexo	Indentificación	Peso	

Servicios

Identificación Hembra	Identificación Reproductor	Técnico Inseminador

Identificación Hembra	Identificación Reproductor	Técnico Inseminador

Secados - Destetes

Identificación Hembra	Cría		
	Sexo	Indentficación	Peso

Identificación Hembra	Cría		
	Sexo	Indentficación	Peso

Muertes

Jóvenes			
Identificación	Sexo	Identificación	Sexo

Jóvenes			
Identificación	Sexo	Identificación	Sexo

Comentarios: _____

_____

_____

ᚢ intar Ganadera

18 ^{de} Junio

N° de Vacas en producción	
2 Ordeños	En secado

Producción de Leche				Potrero en ocupación		
am.	pm.	Total		Identificación	Especie	Día de ocup.

Partos

Identificación Hembra	Condición Corporal	Cría			Observaciones
		Sexo	Indentificación	Peso	

Servicios

Identificación Hembra	Identificación Reproductor	Técnico Inseminador	Identificación Hembra	Identificación Reproductor	Técnico Inseminador

Secados - Destetes

Identificación Hembra	Cría			Identificación Hembra	Cría		
	Sexo	Indentficación	Peso		Sexo	Indentficación	Peso

Muertes

Jóvenes				Jóvenes			
Identificación	Sexo	Identificación	Sexo	Identificación	Sexo	Identificación	Sexo

Comentarios: _____

_____

_____

19 ^{de} Junio

N° de Vacas en producción	
2 Ordeños	En secado

Producción de Leche			
am.	pm.	Total

Potrero en ocupación		
Identificación	Especie	Día de ocup.

Partos

Identificación Hembra	Condición Corporal	Cría				Observaciones
		Sexo	Indentificación	Peso	

Servicios

Identificación Hembra	Identificación Reproductor	Técnico Inseminador

Identificación Hembra	Identificación Reproductor	Técnico Inseminador

Secados - Destetes

Identificación Hembra	Cría		
	Sexo	Indentficación	Peso

Identificación Hembra	Cría		
	Sexo	Indentficación	Peso

Muertes

Jóvenes			
Identificación	Sexo	Identificación	Sexo

Jóvenes			
Identificación	Sexo	Identificación	Sexo

Comentarios: _____
_____
_____

♉ **INTA** Ganadera

20 ^de^ Junio

Nº de Vacas en producción	
2 Ordeños	En secado

Producción de Leche		
am.	pm.	Total

Potrero en ocupación		
Identificación	Especie	Día de ocup.

Partos

Identificación Hembra	Condición Corporal	Cría			Observaciones
		Sexo	Indentificación	Peso	

Servicios

Identificación Hembra	Identificación Reproductor	Técnico Inseminador

Identificación Hembra	Identificación Reproductor	Técnico Inseminador

Secados - Destetes

Identificación Hembra	Cría		
	Sexo	Indentficación	Peso

Identificación Hembra	Cría		
	Sexo	Indentficación	Peso

Muertes

Jóvenes			
Identificación	Sexo	Identificación	Sexo

Jóvenes			
Identificación	Sexo	Identificación	Sexo

Comentarios: _____

_____

_____

21 ^{de} Junio

Nº de Vacas en producción	
2 Ordeños	En secado

Producción de Leche		
am.	pm.	Total

Potrero en ocupación		
Identificación	Especie	Día de ocup.

Partos

Identificación Hembra	Condición Corporal	Cría			Observaciones
		Sexo	Indentificación	Peso	

Servicios

Identificación Hembra	Identificación Reproductor	Técnico Inseminador	Identificación Hembra	Identificación Reproductor	Técnico Inseminador

Secados - Destetes

Identificación Hembra	Cría			Identificación Hembra	Cría		
	Sexo	Indentficación	Peso		Sexo	Indentficación	Peso

Muertes

Jóvenes				Jóvenes			
Identificación	Sexo	Identificación	Sexo	Identificación	Sexo	Identificación	Sexo

Comentarios: _____

_____

_____

 **intar** Ganadera

22 ^{de} Junio

Nº de Vacas en producción	
2 Ordeños	En secado

Producción de Leche		
am.	pm.	Total

Potrero en ocupación		
Identificación	Especie	Día de ocup.

Partos

Identificación Hembra	Condición Corporal	Cria			Observaciones
		Sexo	Indentificación	Peso	

Servicios

Identificación Hembra	Identificación Reproductor	Técnico Inseminador

Identificación Hembra	Identificación Reproductor	Técnico Inseminador

Secados - Destetes

Identificación Hembra	Cria		
	Sexo	Indentficación	Peso

Identificación Hembra	Cria		
	Sexo	Indentficación	Peso

Muertes

Jóvenes			
Identificación	Sexo	Identificación	Sexo

Jóvenes			
Identificación	Sexo	Identificación	Sexo

Comentarios: _____

_____

_____

23 ^{de} Junio

Nº de Vacas en producción	
2 Ordeños	En secado

Producción de Leche		
am.	pm.	Total

Potrero en ocupación		
Identificación	Especie	Día de ocup.

Partos

Identificación Hembra	Condición Corporal	Cría			Observaciones
		Sexo	Indentificación	Peso	

Servicios

Identificación Hembra	Identificación Reproductor	Técnico Inseminador

Identificación Hembra	Identificación Reproductor	Técnico Inseminador

Secados - Destetes

Identificación Hembra	Cría		
	Sexo	Indentficación	Peso

Identificación Hembra	Cría		
	Sexo	Indentficación	Peso

Muertes

Jóvenes			
Identificación	Sexo	Identificación	Sexo

Jóvenes			
Identificación	Sexo	Identificación	Sexo

Comentarios: _____

_____

_____

ᕼ inTar Ganadera

24 de Junio

N° de Vacas en producción	
2 Ordeños	En secado

Producción de Leche		
am.	pm.	Total

Potrero en ocupación		
Identificación	Especie	Día de ocup.

Partos

Identificación Hembra	Condición Corporal	Cría			Observaciones
		Sexo	Indentificación	Peso	

Servicios

Identificación Hembra	Identificación Reproductor	Técnico Inseminador	Identificación Hembra	Identificación Reproductor	Técnico Inseminador

Secados - Destetes

Identificación Hembra	Cria			Identificación Hembra	Cría		
	Sexo	Indentficación	Peso		Sexo	Indentficación	Peso

Muertes

Jóvenes				Jóvenes			
Identificación	Sexo	Identificación	Sexo	Identificación	Sexo	Identificación	Sexo

Comentarios: _____

_____

_____

25 ^{de} Junio

N° de Vacas en producción	
2 Ordeños	En secado

Producción de Leche		
am.	pm.	Total

Potrero en ocupación		
Identificación	Especie	Día de ocup.

Partos

Identificación Hembra	Condición Corporal	Cría			Observaciones
		Sexo	Indentificación	Peso	

Servicios

Identificación Hembra	Identificación Reproductor	Técnico Inseminador	Identificación Hembra	Identificación Reproductor	Técnico Inseminador

Secados - Destetes

Identificación Hembra	Cría			Identificación Hembra	Cría		
	Sexo	Indentficación	Peso		Sexo	Indentficación	Peso

Muertes

Jóvenes				Jóvenes			
Identificación	Sexo	Identificación	Sexo	Identificación	Sexo	Identificación	Sexo

Comentarios: _____

_____

_____

ᘜ Inᴛar Ganadera

26 de Junio

Nº de Vacas en producción	
2 Ordeños	En secado

Producción de Leche		
am.	pm.	Total

Potrero en ocupación		
Identificación	Especie	Día de ocup.

Partos

Identificación Hembra	Condición Corporal	Cría			Observaciones
		Sexo	Indentificación	Peso	

Servicios

Identificación Hembra	Identificación Reproductor	Técnico Inseminador	Identificación Hembra	Identificación Reproductor	Técnico Inseminador

Secados - Destetes

Identificación Hembra	Cría			Identificación Hembra	Cría		
	Sexo	Indentficación	Peso		Sexo	Indentficación	Peso

Muertes

Jóvenes				Jóvenes			
Identificación	Sexo	Identificación	Sexo	Identificación	Sexo	Identificación	Sexo

Comentarios: _____
_____
_____

27 de Junio

Nº de Vacas en producción	
2 Ordeños	En secado

Producción de Leche		
am.	pm.	Total

Potrero en ocupación		
Identificación	Especie	Día de ocup.

Partos

Identificación Hembra	Condición Corporal	Cría			Observaciones
		Sexo	Indentificación	Peso	

Servicios

Identificación Hembra	Identificación Reproductor	Técnico Inseminador	Identificación Hembra	Identificación Reproductor	Técnico Inseminador

Secados - Destetes

Identificación Hembra	Cría			Identificación Hembra	Cría		
	Sexo	Indentficación	Peso		Sexo	Indentficación	Peso

Muertes

Jóvenes				Jóvenes			
Identificación	Sexo	Identificación	Sexo	Identificación	Sexo	Identificación	Sexo

Comentarios: _____

_____

_____

28 de Junio

Nº de Vacas en producción	
2 Ordeños	En secado

Producción de Leche				Potrero en ocupación		
am.	pm.	Total		Identificación	Especie	Día de ocup.

Partos

Identificación Hembra	Condición Corporal	Cría			Observaciones
		Sexo	Indentificación	Peso	

Servicios

Identificación Hembra	Identificación Reproductor	Técnico Inseminador	Identificación Hembra	Identificación Reproductor	Técnico Inseminador

Secados - Destetes

Identificación Hembra	Cría			Identificación Hembra	Cría		
	Sexo	Indentficación	Peso		Sexo	Indentficación	Peso

Muertes

Jóvenes				Jóvenes			
Identificación	Sexo	Identificación	Sexo	Identificación	Sexo	Identificación	Sexo

Comentarios: _____

_____

_____

♉ inTar Ganadera

29 ^{de} Junio

Nº de Vacas en producción	
2 Ordeños	En secado

Producción de Leche		
am.	pm.	Total

Potrero en ocupación		
Identificación	Especie	Día de ocup.

Partos

Identificación Hembra	Condición Corporal	Cría			Observaciones
		Sexo	Indentificación	Peso	

Servicios

Identificación Hembra	Identificación Reproductor	Técnico Inseminador

Identificación Hembra	Identificación Reproductor	Técnico Inseminador

Secados - Destetes

Identificación Hembra	Cría		
	Sexo	Indentficación	Peso

Identificación Hembra	Cría		
	Sexo	Indentficación	Peso

Muertes

Jóvenes			
Identificación	Sexo	Identificación	Sexo

Jóvenes			
Identificación	Sexo	Identificación	Sexo

Comentarios: _____
_____
_____

♉ **INTA** Ganadera

30 de Junio

N° de Vacas en producción	
2 Ordeños	En secado

Producción de Leche				Potrero en ocupación		
am.	pm.	Total		Identificación	Especie	Día de ocup.

Partos

Identificación Hembra	Condición Corporal	Cría			Observaciones
		Sexo	Indentificación	Peso	

Servicios

Identificación Hembra	Identificación Reproductor	Técnico Inseminador	Identificación Hembra	Identificación Reproductor	Técnico Inseminador

Secados - Destetes

Identificación Hembra	Cría			Identificación Hembra	Cría		
	Sexo	Indentficación	Peso		Sexo	Indentficación	Peso

Muertes

Jóvenes				Jóvenes			
Identificación	Sexo	Identificación	Sexo	Identificación	Sexo	Identificación	Sexo

Comentarios: _____

_____

_____

Resumen de Eventos Diarios
(Registro Cuantitativo Junio)

intar Ganadera

Día	Hembras Paridas	Nacimientos		Hembras Secadas	Terneros destetados		Mortalidad Adultos	Mortalidad jóvenes		Ventas	Compras
		M	H		M	H		M	H		
1											
2											
3											
4											
5											
6											
7											
8											
9											
10											
11											
12											
13											
14											
15											
16											
17											
18											
19											
20											
21											
22											
23											
24											
25											
26											
27											
28											
29											
30											
31											
Total											

Control Mensual del Rebaño

Junio

	Reproductores	Hembras		Novillos	Novillas	Terneros Destetados	Terneras Destetadas	Terneros lactantes		Total	
		Prod.	Secas					H	M	Cabezas	U.A.
Existencia Anterior											
Nacimientos											
Compras											
Mortalidad											
Ventas											
Cambio de Estado											
Balance											

Control de Prácticas Sanitarias

Junio

Vacunas	Fecha	N° Dosis Adultos	N° Dosis Jóvenes M	N° Dosis Jóvenes H	Fecha Vacunación	Laboratorio	Lote N°	Fecha Vencimiento de la Vacuna
Fiebre Aftosa								
Estomatitis Vesicular								
Brucelosis								
Clostridiales								
Leptospirosis								

Control Parasitario	Fecha	Dosis Adultos	Dosis Jóvenes	Vía Administración	Fecha de Repetición
Endoparasitos					
Ectoparasitos					
Agentes Hemotropicos					

Pruebas Diagnosticas	Fecha	N° de Pruebas Adultos	N° de Pruebas Jóvenes	N° de Reacciones Positivas	Fecha de Repetición de la prueba
P. Brucelosis					
P. Tuberculina					
P. Mastitis					

 **Ganadera**

Resumen Mensual Junio
(Producción y Eventos)

Venta	Producción Total (L)	N° Días	Producción Prom./Día	N° Prom. Vacas Ord./Día	Producciones Vaca/Ord./Día
Leche					

Venta de Carne	N° Animales	Kg Totales	Precio Venta	Total Ingreso
Reproductores (Descarte)				
Hembras (Descarte)				
Novillos				
Novillas				
Terneros(as) Destetados				
Terneros(as) Lactantes				
Total General				

Evento	Total
Partos	

Evento	N° Machos	N° Hembras	Total
Nacimientos			

Evento	Inseminación Artificial N°	Monta Natural N°	Total
Servicios			

Evento	Reproductores	Hembras	Novillos Novillas	Terneros(as) Destetados	Terneros(as) Lactantes	Total
Muertes						

Comentarios: _____

_____

_____

_____

_____

_____

1 de Julio

Nº de Vacas en producción	
2 Ordeños	En secado

Producción de Leche				Potrero en ocupación		
am.	pm.	Total		Identificación	Especie	Día de ocup.

Partos

Identificación Hembra	Condición Corporal	Cría			Observaciones
		Sexo	Indentificación	Peso	

Servicios

Identificación Hembra	Identificación Reproductor	Técnico Inseminador	Identificación Hembra	Identificación Reproductor	Técnico Inseminador

Secados - Destetes

Identificación Hembra	Cría			Identificación Hembra	Cría		
	Sexo	Indentficación	Peso		Sexo	Indentficación	Peso

Muertes

Jóvenes				Jóvenes			
Identificación	Sexo	Identificación	Sexo	Identificación	Sexo	Identificación	Sexo

Comentarios: _____

_____

_____

♉ **Inra** Ganadera

2 de Julio

Nº de Vacas en producción	
2 Ordeños	En secado

Producción de Leche		
am.	pm.	Total

Potrero en ocupación		
Identificación	Especie	Día de ocup.

Partos

Identificación Hembra	Condición Corporal	Cría			Observaciones
		Sexo	Indentificación	Peso	

Servicios

Identificación Hembra	Identificación Reproductor	Técnico Inseminador

Identificación Hembra	Identificación Reproductor	Técnico Inseminador

Secados - Destetes

Identificación Hembra	Cría		
	Sexo	Indentficación	Peso

Identificación Hembra	Cría		
	Sexo	Indentficación	Peso

Muertes

Jóvenes			
Identificación	Sexo	Identificación	Sexo

Jóvenes			
Identificación	Sexo	Identificación	Sexo

Comentarios: _____

_____

_____

3 ^{de} Julio

Nº de Vacas en producción	
2 Ordeños	En secado

Producción de Leche				Potrero en ocupación		
am.	pm.	Total		Identificación	Especie	Día de ocup.

Partos

Identificación Hembra	Condición Corporal	Cría			Observaciones
		Sexo	Indentificación	Peso	

Servicios

Identificación Hembra	Identificación Reproductor	Técnico Inseminador	Identificación Hembra	Identificación Reproductor	Técnico Inseminador

Secados - Destetes

Identificación Hembra	Cría			Identificación Hembra	Cría		
	Sexo	Indentficación	Peso		Sexo	Indentficación	Peso

Muertes

Jóvenes				Jóvenes			
Identificación	Sexo	Identificación	Sexo	Identificación	Sexo	Identificación	Sexo

Comentarios: _____

ʊ inTɑr Ganadera

4 de Julio

Nº de Vacas en producción	
2 Ordeños	En secado

Producción de Leche		
am.	pm.	Total

Potrero en ocupación		
Identificación	Especie	Día de ocup.

Partos

Identificación Hembra	Condición Corporal	Cría			Observaciones
		Sexo	Indentificación	Peso	

Servicios

Identificación Hembra	Identificación Reproductor	Técnico Inseminador	Identificación Hembra	Identificación Reproductor	Técnico Inseminador

Secados - Destetes

Identificación Hembra	Cría			Identificación Hembra	Cría		
	Sexo	Indentficación	Peso		Sexo	Indentficación	Peso

Muertes

Jóvenes				Jóvenes			
Identificación	Sexo	Identificación	Sexo	Identificación	Sexo	Identificación	Sexo

Comentarios: _____

_____

_____

5 ^{de} Julio

Nº de Vacas en producción	
2 Ordeños	En secado

Producción de Leche		
am.	pm.	Total

Potrero en ocupación		
Identificación	Especie	Día de ocup.

Partos

Identificación Hembra	Condición Corporal	Cría			Observaciones
		Sexo	Indentificación	Peso	

Servicios

Identificación Hembra	Identificación Reproductor	Técnico Inseminador

Identificación Hembra	Identificación Reproductor	Técnico Inseminador

Secados - Destetes

Identificación Hembra	Cría		
	Sexo	Indentficación	Peso

Identificación Hembra	Cría		
	Sexo	Indentficación	Peso

Muertes

Jóvenes			
Identificación	Sexo	Identificación	Sexo

Jóvenes			
Identificación	Sexo	Identificación	Sexo

Comentarios: _____

_____

_____

 **inta** Ganadera

6 de Julio

N° de Vacas en producción	
2 Ordeños	En secado

Producción de Leche		
am.	pm.	Total

Potrero en ocupación		
Identificación	Especie	Día de ocup.

Partos

Identificación Hembra	Condición Corporal	Cría			Observaciones
		Sexo	Indentificación	Peso	

Servicios

Identificación Hembra	Identificación Reproductor	Técnico Inseminador

Identificación Hembra	Identificación Reproductor	Técnico Inseminador

Secados - Destetes

Identificación Hembra	Cría		
	Sexo	Indentficación	Peso

Identificación Hembra	Cría		
	Sexo	Indentficación	Peso

Muertes

Jóvenes			
Identificación	Sexo	Identificación	Sexo

Jóvenes			
Identificación	Sexo	Identificación	Sexo

Comentarios: _____
_____
_____

7de Julio

N° de Vacas en producción	
2 Ordeños	En secado

Producción de Leche		
am.	pm.	Total

Potrero en ocupación		
Identificación	Especie	Día de ocup.

Partos

Identificación Hembra	Condición Corporal	Cria			Observaciones
		Sexo	Indentificación	Peso	

Servicios

Identificación Hembra	Identificación Reproductor	Técnico Inseminador

Identificación Hembra	Identificación Reproductor	Técnico Inseminador

Secados - Destetes

Identificación Hembra	Cria		
	Sexo	Indentficación	Peso

Identificación Hembra	Cria		
	Sexo	Indentficación	Peso

Muertes

Jóvenes			
Identificación	Sexo	Identificación	Sexo

Jóvenes			
Identificación	Sexo	Identificación	Sexo

Comentarios: _____

_____

_____

intar Ganadera

8 de Julio

Nº de Vacas en producción	
2 Ordeños	En secado

Producción de Leche		
am.	pm.	Total

Potrero en ocupación		
Identificación	Especie	Día de ocup.

Partos

Identificación Hembra	Condición Corporal	Cría			Observaciones
		Sexo	Indentificación	Peso	

Servicios

Identificación Hembra	Identificación Reproductor	Técnico Inseminador

Identificación Hembra	Identificación Reproductor	Técnico Inseminador

Secados - Destetes

Identificación Hembra	Cría		
	Sexo	Indentficación	Peso

Identificación Hembra	Cría		
	Sexo	Indentficación	Peso

Muertes

Jóvenes			
Identificación	Sexo	Identificación	Sexo

Jóvenes			
Identificación	Sexo	Identificación	Sexo

Comentarios: _____

_____

_____

9 de Julio

Nº de Vacas en producción	
2 Ordeños	En secado

Producción de Leche				Potrero en ocupación		
am.	pm.	Total		Identificación	Especie	Día de ocup.

Partos

Identificación Hembra	Condición Corporal	Cría			Observaciones
		Sexo	Indentificación	Peso	

Servicios

Identificación Hembra	Identificación Reproductor	Técnico Inseminador	Identificación Hembra	Identificación Reproductor	Técnico Inseminador

Secados - Destetes

Identificación Hembra	Cría			Identificación Hembra	Cría		
	Sexo	Indentficación	Peso		Sexo	Indentficación	Peso

Muertes

Jóvenes				Jóvenes			
Identificación	Sexo	Identificación	Sexo	Identificación	Sexo	Identificación	Sexo

Comentarios: _____

_____

_____

ＩΠΤΑΓ Ganadera

10 ^{de} Julio

Nº de Vacas en producción	
2 Ordeños	En secado

Producción de Leche		
am.	pm.	Total

Potrero en ocupación		
Identificación	Especie	Día de ocup.

Partos

Identificación Hembra	Condición Corporal	Cría			Observaciones
		Sexo	Indentificación	Peso	

Servicios

Identificación Hembra	Identificación Reproductor	Técnico Inseminador	Identificación Hembra	Identificación Reproductor	Técnico Inseminador

Secados - Destetes

Identificación Hembra	Cría			Identificación Hembra	Cría		
	Sexo	Indentficación	Peso		Sexo	Indentficación	Peso

Muertes

Jóvenes				Jóvenes			
Identificación	Sexo	Identificación	Sexo	Identificación	Sexo	Identificación	Sexo

Comentarios: _____
_____
_____

11 ^{de} Julio

N° de Vacas en producción	
2 Ordeños	En secado

Producción de Leche		
am.	pm.	Total

Potrero en ocupación		
Identificación	Especie	Día de ocup.

Partos

Identificación Hembra	Condición Corporal	Cría			Observaciones
		Sexo	Indentificación	Peso	

Servicios

Identificación Hembra	Identificación Reproductor	Técnico Inseminador	Identificación Hembra	Identificación Reproductor	Técnico Inseminador

Secados - Destetes

Identificación Hembra	Cría			Identificación Hembra	Cría		
	Sexo	Indentficación	Peso		Sexo	Indentficación	Peso

Muertes

Jóvenes				Jóvenes			
Identificación	Sexo	Identificación	Sexo	Identificación	Sexo	Identificación	Sexo

Comentarios: _____

_____

_____

Ⱶ **intar** Ganadera

12 ^{de} Julio

Nº de Vacas en producción	
2 Ordeños	En secado

Producción de Leche		
am.	pm.	Total

Potrero en ocupación		
Identificación	Especie	Día de ocup.

Partos

Identificación Hembra	Condición Corporal	Cría			Observaciones
		Sexo	Indentificación	Peso	

Servicios

Identificación Hembra	Identificación Reproductor	Técnico Inseminador

Identificación Hembra	Identificación Reproductor	Técnico Inseminador

Secados - Destetes

Identificación Hembra	Cría		
	Sexo	Indentficación	Peso

Identificación Hembra	Cría		
	Sexo	Indentficación	Peso

Muertes

Jóvenes			
Identificación	Sexo	Identificación	Sexo

Jóvenes			
Identificación	Sexo	Identificación	Sexo

Comentarios: _____

_____

_____

13 de Julio

Nº de Vacas en producción	
2 Ordeños	En secado

Producción de Leche			
am.	pm.	Total

Potrero en ocupación		
Identificación	Especie	Día de ocup.

Partos

Identificación Hembra	Condición Corporal	Cría			Observaciones
		Sexo	Indentificación	Peso	

Servicios

Identificación Hembra	Identificación Reproductor	Técnico Inseminador

Identificación Hembra	Identificación Reproductor	Técnico Inseminador

Secados - Destetes

Identificación Hembra	Cría		
	Sexo	Indentficación	Peso

Identificación Hembra	Cría		
	Sexo	Indentficación	Peso

Muertes

Jóvenes			
Identificación	Sexo	Identificación	Sexo

Jóvenes			
Identificación	Sexo	Identificación	Sexo

Comentarios: _____

_____

_____

ᗌ ınᴛɑr Ganadera

14 ^{de} Julio

N° de Vacas en producción	
2 Ordeños	En secado

Producción de Leche		
am.	pm.	Total

Potrero en ocupación		
Identificación	Especie	Día de ocup.

Partos

Identificación Hembra	Condición Corporal	Cría			Observaciones
		Sexo	Indentificación	Peso	

Servicios

Identificación Hembra	Identificación Reproductor	Técnico Inseminador	Identificación Hembra	Identificación Reproductor	Técnico Inseminador

Secados - Destetes

Identificación Hembra	Cría			Identificación Hembra	Cría		
	Sexo	Indentficación	Peso		Sexo	Indentficación	Peso

Muertes

Jóvenes				Jóvenes			
Identificación	Sexo	Identificación	Sexo	Identificación	Sexo	Identificación	Sexo

Comentarios: _____

_____

_____

15 ^{de} Julio

Nº de Vacas en producción	
2 Ordeños	En secado

Producción de Leche		
am.	pm.	Total

Potrero en ocupación		
Identificación	Especie	Día de ocup.

Partos

Identificación Hembra	Condición Corporal	Cría			Observaciones
		Sexo	Indentificación	Peso	

Servicios

Identificación Hembra	Identificación Reproductor	Técnico Inseminador	Identificación Hembra	Identificación Reproductor	Técnico Inseminador

Secados - Destetes

Identificación Hembra	Cría			Identificación Hembra	Cría		
	Sexo	Indentficación	Peso		Sexo	Indentficación	Peso

Muertes

Jóvenes				Jóvenes			
Identificación	Sexo	Identificación	Sexo	Identificación	Sexo	Identificación	Sexo

Comentarios: _____

_____

_____

16 ^{de} Julio

Nº de Vacas en producción	
2 Ordeños	En secado

Producción de Leche		
am.	pm.	Total

Potrero en ocupación		
Identificación	Especie	Día de ocup.

Partos

Identificación Hembra	Condición Corporal	Cría			Observaciones
		Sexo	Indentificación	Peso	

Servicios

Identificación Hembra	Identificación Reproductor	Técnico Inseminador	Identificación Hembra	Identificación Reproductor	Técnico Inseminador

Secados - Destetes

Identificación Hembra	Cría			Identificación Hembra	Cría		
	Sexo	Indentficación	Peso		Sexo	Indentficación	Peso

Muertes

Jóvenes				Jóvenes			
Identificación	Sexo	Identificación	Sexo	Identificación	Sexo	Identificación	Sexo

Comentarios: _____

_____

_____

17 de Julio

N° de Vacas en producción	
2 Ordeños	En secado

Producción de Leche		
am.	pm.	Total

Potrero en ocupación		
Identificación	Especie	Día de ocup.

Partos

Identificación Hembra	Condición Corporal	Cría			Observaciones
		Sexo	Indentificación	Peso	

Servicios

Identificación Hembra	Identificación Reproductor	Técnico Inseminador	Identificación Hembra	Identificación Reproductor	Técnico Inseminador

Secados - Destetes

Identificación Hembra	Cría			Identificación Hembra	Cría		
	Sexo	Indentficación	Peso		Sexo	Indentficación	Peso

Muertes

Jóvenes				Jóvenes			
Identificación	Sexo	Identificación	Sexo	Identificación	Sexo	Identificación	Sexo

Comentarios: _____
_____
_____

ɤ inʈɑr Ganadera

18 ^{de} Julio

Nº de Vacas en producción	
2 Ordeños	En secado

Producción de Leche				Potrero en ocupación		
am.	pm.	Total		Identificación	Especie	Día de ocup.

Partos

Identificación Hembra	Condición Corporal	Cría			Observaciones
		Sexo	Indentificación	Peso	

Servicios

Identificación Hembra	Identificación Reproductor	Técnico Inseminador	Identificación Hembra	Identificación Reproductor	Técnico Inseminador

Secados - Destetes

Identificación Hembra	Cría			Identificación Hembra	Cría		
	Sexo	Indentficación	Peso		Sexo	Indentficación	Peso

Muertes

Jóvenes				Jóvenes			
Identificación	Sexo	Identificación	Sexo	Identificación	Sexo	Identificación	Sexo

Comentarios: _____

_____

_____

19de Julio

Nº de Vacas en producción	
2 Ordeños	En secado

Producción de Leche		
am.	pm.	Total

Potrero en ocupación		
Identificación	Especie	Día de ocup.

Partos

Identificación Hembra	Condición Corporal	Cria			Observaciones
		Sexo	Indentificación	Peso	

Servicios

Identificación Hembra	Identificación Reproductor	Técnico Inseminador

Identificación Hembra	Identificación Reproductor	Técnico Inseminador

Secados - Destetes

Identificación Hembra	Cria		
	Sexo	Indentficación	Peso

Identificación Hembra	Cria		
	Sexo	Indentficación	Peso

Muertes

Jóvenes			
Identificación	Sexo	Identificación	Sexo

Jóvenes			
Identificación	Sexo	Identificación	Sexo

Comentarios: _____

_____

_____

ᗄ Intar Ganadera

20 de Julio

N° de Vacas en producción	
2 Ordeños	En secado

Producción de Leche		
am.	pm.	Total

Potrero en ocupación		
Identificación	Especie	Día de ocup.

Partos

Identificación Hembra	Condición Corporal	Cría			Observaciones
		Sexo	Indentificación	Peso	

Servicios

Identificación Hembra	Identificación Reproductor	Técnico Inseminador

Identificación Hembra	Identificación Reproductor	Técnico Inseminador

Secados - Destetes

Identificación Hembra	Cría		
	Sexo	Indentficación	Peso

Identificación Hembra	Cría		
	Sexo	Indentficación	Peso

Muertes

Jóvenes			
Identificación	Sexo	Identificación	Sexo

Jóvenes			
Identificación	Sexo	Identificación	Sexo

Comentarios: _____

_____

_____

⛉ INTOI Ganadera

21 de Julio

N° de Vacas en producción	
2 Ordeños	En secado

Producción de Leche		
am.	pm.	Total

Potrero en ocupación		
Identificación	Especie	Día de ocup.

Partos

Identificación Hembra	Condición Corporal	Cría			Observaciones
		Sexo	Indentificación	Peso	

Servicios

Identificación Hembra	Identificación Reproductor	Técnico Inseminador

Identificación Hembra	Identificación Reproductor	Técnico Inseminador

Secados - Destetes

Identificación Hembra	Cría		
	Sexo	Indentficación	Peso

Identificación Hembra	Cría		
	Sexo	Indentficación	Peso

Muertes

Jóvenes			
Identificación	Sexo	Identificación	Sexo

Jóvenes			
Identificación	Sexo	Identificación	Sexo

Comentarios: _____

22 de Julio

Nº de Vacas en producción	
2 Ordeños	En secado

Producción de Leche		
am.	pm.	Total

Potrero en ocupación		
Identificación	Especie	Día de ocup.

Partos

Identificación Hembra	Condición Corporal	Cría			Observaciones
		Sexo	Indentificación	Peso	

Servicios

Identificación Hembra	Identificación Reproductor	Técnico Inseminador

Identificación Hembra	Identificación Reproductor	Técnico Inseminador

Secados - Destetes

Identificación Hembra	Cría		
	Sexo	Indentficación	Peso

Identificación Hembra	Cría		
	Sexo	Indentficación	Peso

Muertes

Jóvenes			
Identificación	Sexo	Identificación	Sexo

Jóvenes			
Identificación	Sexo	Identificación	Sexo

Comentarios: _____

_____

_____

23de Julio

Nº de Vacas en producción	
2 Ordeños	En secado

Producción de Leche		
am.	pm.	Total

Potrero en ocupación		
Identificación	Especie	Día de ocup.

Partos

Identificación Hembra	Condición Corporal	Cría			Observaciones
		Sexo	Indentificación	Peso	

Servicios

Identificación Hembra	Identificación Reproductor	Técnico Inseminador	Identificación Hembra	Identificación Reproductor	Técnico Inseminador

Secados - Destetes

Identificación Hembra	Cría			Identificación Hembra	Cría		
	Sexo	Indentficación	Peso		Sexo	Indentficación	Peso

Muertes

Jóvenes				Jóvenes			
Identificación	Sexo	Identificación	Sexo	Identificación	Sexo	Identificación	Sexo

Comentarios: _____

_____

_____

 Ganadera

24^{de}Julio

N° de Vacas en producción	
2 Ordeños	En secado

Producción de Leche		
am.	pm.	Total

Potrero en ocupación		
Identificación	Especie	Día de ocup.

Partos

Identificación Hembra	Condición Corporal	Cría			Observaciones
		Sexo	Indentificación	Peso	

Servicios

Identificación Hembra	Identificación Reproductor	Técnico Inseminador

Identificación Hembra	Identificación Reproductor	Técnico Inseminador

Secados - Destetes

Identificación Hembra	Cría		
	Sexo	Indentficación	Peso

Identificación Hembra	Cría		
	Sexo	Indentficación	Peso

Muertes

Jóvenes			
Identificación	Sexo	Identificación	Sexo

Jóvenes			
Identificación	Sexo	Identificación	Sexo

Comentarios: _____

_____

_____

25 ^{de} Julio

N° de Vacas en producción	
2 Ordeños	En secado

Producción de Leche			
am.	pm.	Total

Potrero en ocupación		
Identificación	Especie	Día de ocup.

Partos

Identificación Hembra	Condición Corporal	Cría			Observaciones
		Sexo	Indentificación	Peso	

Servicios

Identificación Hembra	Identificación Reproductor	Técnico Inseminador	Identificación Hembra	Identificación Reproductor	Técnico Inseminador

Secados - Destetes

Identificación Hembra	Cría			Identificación Hembra	Cría		
	Sexo	Indentficación	Peso		Sexo	Indentficación	Peso

Muertes

Jóvenes				Jóvenes			
Identificación	Sexo	Identificación	Sexo	Identificación	Sexo	Identificación	Sexo

Comentarios: _____

26 de Julio

N° de Vacas en producción	
2 Ordeños	En secado

Producción de Leche		
am.	pm.	Total

Potrero en ocupación		
Identificación	Especie	Día de ocup.

Partos

Identificación Hembra	Condición Corporal	Cría			Observaciones
		Sexo	Indentificación	Peso	

Servicios

Identificación Hembra	Identificación Reproductor	Técnico Inseminador

Identificación Hembra	Identificación Reproductor	Técnico Inseminador

Secados - Destetes

Identificación Hembra	Cría		
	Sexo	Indentficación	Peso

Identificación Hembra	Cría		
	Sexo	Indentficación	Peso

Muertes

Jóvenes			
Identificación	Sexo	Identificación	Sexo

Jóvenes			
Identificación	Sexo	Identificación	Sexo

Comentarios: _____
_____
_____

27 ^{de} Julio

Nº de Vacas en producción	
2 Ordeños	En secado

Producción de Leche				Potrero en ocupación		
am.	pm.	Total		Identificación	Especie	Día de ocup.

Partos

Identificación Hembra	Condición Corporal	Cría			Observaciones
		Sexo	Indentificación	Peso	

Servicios

Identificación Hembra	Identificación Reproductor	Técnico Inseminador	Identificación Hembra	Identificación Reproductor	Técnico Inseminador

Secados - Destetes

Identificación Hembra	Cría			Identificación Hembra	Cría		
	Sexo	Indentficación	Peso		Sexo	Indentficación	Peso

Muertes

Jóvenes				Jóvenes			
Identificación	Sexo	Identificación	Sexo	Identificación	Sexo	Identificación	Sexo

Comentarios: _____

_____

_____

28 ^{de} Julio

N° de Vacas en producción	
2 Ordeños	En secado

Producción de Leche		
am.	pm.	Total

Potrero en ocupación		
Identificación	Especie	Día de ocup.

Partos

Identificación Hembra	Condición Corporal	Cría			Observaciones
		Sexo	Indentificación	Peso	

Servicios

Identificación Hembra	Identificación Reproductor	Técnico Inseminador

Identificación Hembra	Identificación Reproductor	Técnico Inseminador

Secados - Destetes

Identificación Hembra	Cría		
	Sexo	Indentficación	Peso

Identificación Hembra	Cría		
	Sexo	Indentficación	Peso

Muertes

Jóvenes			
Identificación	Sexo	Identificación	Sexo

Jóvenes			
Identificación	Sexo	Identificación	Sexo

Comentarios: _____

_____

_____

29 ^{de} Julio

N° de Vacas en producción	
2 Ordeños	En secado

Producción de Leche		
am.	pm.	Total

Potrero en ocupación		
Identificación	Especie	Día de ocup.

Partos

Identificación Hembra	Condición Corporal	Cría			Observaciones
		Sexo	Indentificación	Peso	

Servicios

Identificación Hembra	Identificación Reproductor	Técnico Inseminador	Identificación Hembra	Identificación Reproductor	Técnico Inseminador

Secados - Destetes

Identificación Hembra	Cría			Identificación Hembra	Cría		
	Sexo	Indentficación	Peso		Sexo	Indentficación	Peso

Muertes

Jóvenes				Jóvenes			
Identificación	Sexo	Identificación	Sexo	Identificación	Sexo	Identificación	Sexo

Comentarios: _____

ϑ inTar Ganadera

30 ^{de} Julio

N° de Vacas en producción	
2 Ordeños	En secado

Producción de Leche		
am.	pm.	Total

Potrero en ocupación		
Identificación	Especie	Día de ocup.

Partos

Identificación Hembra	Condición Corporal	Cría			Observaciones
		Sexo	Indentificación	Peso	

Servicios

Identificación Hembra	Identificación Reproductor	Técnico Inseminador	Identificación Hembra	Identificación Reproductor	Técnico Inseminador

Secados - Destetes

Identificación Hembra	Cría			Identificación Hembra	Cría		
	Sexo	Indentficación	Peso		Sexo	Indentficación	Peso

Muertes

Jóvenes				Jóvenes			
Identificación	Sexo	Identificación	Sexo	Identificación	Sexo	Identificación	Sexo

Comentarios: _____

_____

_____

31 de Julio

Nº de Vacas en producción	
2 Ordeños	En secado

Producción de Leche		
am.	pm.	Total

Potrero en ocupación		
Identificación	Especie	Día de ocup.

Partos

Identificación Hembra	Condición Corporal	Cría			Observaciones
		Sexo	Indentificación	Peso	

Servicios

Identificación Hembra	Identificación Reproductor	Técnico Inseminador

Identificación Hembra	Identificación Reproductor	Técnico Inseminador

Secados - Destetes

Identificación Hembra	Cría		
	Sexo	Indentficación	Peso

Identificación Hembra	Cría		
	Sexo	Indentficación	Peso

Muertes

Jóvenes			
Identificación	Sexo	Identificación	Sexo

Jóvenes			
Identificación	Sexo	Identificación	Sexo

Comentarios: _____
_____
_____

Intar Ganadera

Resumen de Eventos Diarios
(Registro Cuantitativo Julio)

Día	Hembras Paridas	Nacimientos		Hembras Secadas	Terneros destetados		Mortalidad Adultos	Mortalidad jóvenes		Ventas	Compras
		M	H		M	H		M	H		
1											
2											
3											
4											
5											
6											
7											
8											
9											
10											
11											
12											
13											
14											
15											
16											
17											
18											
19											
20											
21											
22											
23											
24											
25											
26											
27											
28											
29											
30											
31											
To-tal											

Control Mensual del Rebaño

ᕼinTar Ganadera

	Reproductores	Hembras		Novillos	Novillas	Terneros Destetados	Terneras Destetadas	Terneros lactantes		Total	
		Prod.	Secas					H	M	Cabezas	U.A.
Existencia Anterior											
Nacimientos											
Compras											
Mortalidad											
Ventas											
Cambio de Estado											
Balance											

∀ Intar Ganadera

Control de Prácticas Sanitarias

Julio

Vacunas	Fecha	N° Dosis				Fecha Vacunación	Laboratorio	Lote N°	Fecha Vencimiento de la Vacuna
		Adultos	Jóvenes						
			M	H					
Fiebre Aftosa									
Estomatitis Vesicular									
Brucelosis									
Clostridiales									
Leptospirosis									

Control Parasitario	Fecha	Dosis		Vía Administración	Fecha de Repetición
		Adultos	Jóvenes		
Endoparasitos					
Ectoparasitos					
Agentes Hemotropicos					

Pruebas Diagnosticas	Fecha	N° de Pruebas		N° de Reacciones Positivas	Fecha de Repetición de la prueba
		Adultos	Jóvenes		
P. Brucelosis					
P. Tuberculina					
P. Mastitis					

Resumen Mensual Julio
(Producción y Eventos)

Venta	Producción Total (L)	Nº Días	Producción Prom./Día	Nº Prom.Vacas Ord./Día	Producciones Vaca/Ord./Día
Leche					

Venta de Carne	Nº Animales	Kg Totales	Precio Venta	Total Ingreso
Reproductores (Descarte)				
Hembras (Descarte)				
Novillos				
Novillas				
Terneros(as) Destetados				
Terneros(as) Lactantes				
Total General				

Evento	Total
Partos	

Evento	Nº Machos	Nº Hembras	Total
Nacimientos			

Evento	Inseminación Artificial Nº	Monta Natural Nº	Total
Servicios			

Evento	Reproductores	Hembras	Novillos Novillas	Terneros(as) Destetados	Terneros(as) Lactantes	Total
Muertes						

Comentarios: _____
_____
_____
_____
_____
_____

intar Ganadera

1 de Agosto

Nº de Vacas en producción	
2 Ordeños	En secado

Producción de Leche		
am.	pm.	Total

Potrero en ocupación		
Identificación	Especie	Día de ocup.

Partos

Identificación Hembra	Condición Corporal	Cría			Observaciones
		Sexo	Indentificación	Peso	

Servicios

Identificación Hembra	Identificación Reproductor	Técnico Inseminador	Identificación Hembra	Identificación Reproductor	Técnico Inseminador

Secados - Destetes

Identificación Hembra	Cría			Identificación Hembra	Cría		
	Sexo	Indentficación	Peso		Sexo	Indentficación	Peso

Muertes

Jóvenes				Jóvenes			
Identificación	Sexo	Identificación	Sexo	Identificación	Sexo	Identificación	Sexo

Comentarios: _____

_____

_____

2 ^{de} Agosto

Nº de Vacas en producción	
2 Ordeños	En secado

Producción de Leche				Potrero en ocupación		
am.	pm.	Total		Identificación	Especie	Día de ocup.

Partos

Identificación Hembra	Condición Corporal	Cría			Observaciones
		Sexo	Indentificación	Peso	

Servicios

Identificación Hembra	Identificación Reproductor	Técnico Inseminador	Identificación Hembra	Identificación Reproductor	Técnico Inseminador

Secados - Destetes

Identificación Hembra	Cría			Identificación Hembra	Cría		
	Sexo	Indentficación	Peso		Sexo	Indentficación	Peso

Muertes

Jóvenes				Jóvenes			
Identificación	Sexo	Identificación	Sexo	Identificación	Sexo	Identificación	Sexo

Comentarios: _____

_____

_____

3 de Agosto

N° de Vacas en producción	
2 Ordeños	En secado

Producción de Leche			Potrero en ocupación		
am.	pm.	Total	Identificación	Especie	Día de ocup.

Partos

Identificación Hembra	Condición Corporal	Cría			Observaciones
		Sexo	Indentificación	Peso	

Servicios

Identificación Hembra	Identificación Reproductor	Técnico Inseminador	Identificación Hembra	Identificación Reproductor	Técnico Inseminador

Secados - Destetes

Identificación Hembra	Cría			Identificación Hembra	Cría		
	Sexo	Indentficación	Peso		Sexo	Indentficación	Peso

Muertes

Jóvenes				Jóvenes			
Identificación	Sexo	Identificación	Sexo	Identificación	Sexo	Identificación	Sexo

Comentarios: _____
_____
_____

4 de Agosto

Nº de Vacas en producción	
2 Ordeños	En secado

Producción de Leche		
am.	pm.	Total

Potrero en ocupación		
Identificación	Especie	Día de ocup.

Partos

Identificación Hembra	Condición Corporal	Cría			Observaciones
		Sexo	Indentificación	Peso	

Servicios

Identificación Hembra	Identificación Reproductor	Técnico Inseminador	Identificación Hembra	Identificación Reproductor	Técnico Inseminador

Secados - Destetes

Identificación Hembra	Cría			Identificación Hembra	Cría		
	Sexo	Indentficación	Peso		Sexo	Indentficación	Peso

Muertes

Jóvenes				Jóvenes			
Identificación	Sexo	Identificación	Sexo	Identificación	Sexo	Identificación	Sexo

Comentarios: _____
_____
_____

5 de Agosto

Nº de Vacas en producción	
2 Ordeños	En secado

Producción de Leche		
am.	pm.	Total

Potrero en ocupación		
Identificación	Especie	Día de ocup.

Partos

Identificación Hembra	Condición Corporal	Cría			Observaciones
		Sexo	Indentificación	Peso	

Servicios

Identificación Hembra	Identificación Reproductor	Técnico Inseminador

Identificación Hembra	Identificación Reproductor	Técnico Inseminador

Secados - Destetes

Identificación Hembra	Cría		
	Sexo	Indentficación	Peso

Identificación Hembra	Cría		
	Sexo	Indentficación	Peso

Muertes

Jóvenes			
Identificación	Sexo	Identificación	Sexo

Jóvenes			
Identificación	Sexo	Identificación	Sexo

Comentarios: _____

_____

_____

6 ^{de} **Agosto**

N° de Vacas en producción	
2 Ordeños	En secado

Producción de Leche		
am.	pm.	Total

Potrero en ocupación		
Identificación	Especie	Día de ocup.

Partos

Identificación Hembra	Condición Corporal	Cría			Observaciones
		Sexo	Indentificación	Peso	

Servicios

Identificación Hembra	Identificación Reproductor	Técnico Inseminador

Identificación Hembra	Identificación Reproductor	Técnico Inseminador

Secados - Destetes

Identificación Hembra	Cría		
	Sexo	Indentficación	Peso

Identificación Hembra	Cría		
	Sexo	Indentficación	Peso

Muertes

Jóvenes			
Identificación	Sexo	Identificación	Sexo

Jóvenes			
Identificación	Sexo	Identificación	Sexo

Comentarios: _____

_____

_____

7de Agosto

Nº de Vacas en producción	
2 Ordeños	En secado

Producción de Leche		
am.	pm.	Total

Potrero en ocupación		
Identificación	Especie	Día de ocup.

Partos

Identificación Hembra	Condición Corporal	Cría			Observaciones
		Sexo	Indentificación	Peso	

Servicios

Identificación Hembra	Identificación Reproductor	Técnico Inseminador	Identificación Hembra	Identificación Reproductor	Técnico Inseminador

Secados - Destetes

Identificación Hembra	Cría			Identificación Hembra	Cría		
	Sexo	Indentficación	Peso		Sexo	Indentficación	Peso

Muertes

Jóvenes				Jóvenes			
Identificación	Sexo	Identificación	Sexo	Identificación	Sexo	Identificación	Sexo

Comentarios: _____

_____

_____

8 de Agosto

Nº de Vacas en producción	
2 Ordeños	En secado

Producción de Leche				Potrero en ocupación		
am.	pm.	Total		Identificación	Especie	Día de ocup.

Partos

Identificación Hembra	Condición Corporal	Cría			Observaciones
		Sexo	Indentificación	Peso	

Servicios

Identificación Hembra	Identificación Reproductor	Técnico Inseminador	Identificación Hembra	Identificación Reproductor	Técnico Inseminador

Secados - Destetes

Identificación Hembra	Cría			Identificación Hembra	Cría		
	Sexo	Indentficación	Peso		Sexo	Indentficación	Peso

Muertes

Jóvenes				Jóvenes			
Identificación	Sexo	Identificación	Sexo	Identificación	Sexo	Identificación	Sexo

Comentarios: _____

_____

_____

🐂 inTar Ganadera

9 de Agosto

Nº de Vacas en producción	
2 Ordeños	En secado

Producción de Leche		
am.	pm.	Total

Potrero en ocupación		
Identificación	Especie	Día de ocup.

Partos

Identificación Hembra	Condición Corporal	Cría			Observaciones
		Sexo	Indentificación	Peso	

Servicios

Identificación Hembra	Identificación Reproductor	Técnico Inseminador

Identificación Hembra	Identificación Reproductor	Técnico Inseminador

Secados - Destetes

Identificación Hembra	Cría		
	Sexo	Indentficación	Peso

Identificación Hembra	Cría		
	Sexo	Indentficación	Peso

Muertes

Jóvenes			
Identificación	Sexo	Identificación	Sexo

Jóvenes			
Identificación	Sexo	Identificación	Sexo

Comentarios: _____

_____

_____

10de Agosto

Nº de Vacas en producción	
2 Ordeños	En secado

Producción de Leche		
am.	pm.	Total

Potrero en ocupación		
Identificación	Especie	Día de ocup.

Partos

Identificación Hembra	Condición Corporal	Cría			Observaciones
		Sexo	Indentificación	Peso	

Servicios

Identificación Hembra	Identificación Reproductor	Técnico Inseminador	Identificación Hembra	Identificación Reproductor	Técnico Inseminador

Secados - Destetes

Identificación Hembra	Cría			Identificación Hembra	Cría		
	Sexo	Indentficación	Peso		Sexo	Indentficación	Peso

Muertes

Jóvenes				Jóvenes			
Identificación	Sexo	Identificación	Sexo	Identificación	Sexo	Identificación	Sexo

Comentarios: _____

_____

_____

ᴂ ɪnᴛᴀr Ganadera

11 ^{de} Agosto

Nº de Vacas en producción	
2 Ordeños	En secado

Producción de Leche		
am.	pm.	Total

Potrero en ocupación		
Identificación	Especie	Día de ocup.

Partos

Identificación Hembra	Condición Corporal	Cria			Observaciones
		Sexo	Indentificación	Peso	

Servicios

Identificación Hembra	Identificación Reproductor	Técnico Inseminador

Identificación Hembra	Identificación Reproductor	Técnico Inseminador

Secados - Destetes

Identificación Hembra	Cría		
	Sexo	Indentficación	Peso

Identificación Hembra	Cría		
	Sexo	Indentficación	Peso

Muertes

Jóvenes			
Identificación	Sexo	Identificación	Sexo

Jóvenes			
Identificación	Sexo	Identificación	Sexo

Comentarios: _____
_____
_____

12 ^{de} Agosto

Nº de Vacas en producción	
2 Ordeños	En secado

Producción de Leche		
am.	pm.	Total

Potrero en ocupación		
Identificación	Especie	Día de ocup.

Partos

Identificación Hembra	Condición Corporal	Cría			Observaciones
		Sexo	Indentificación	Peso	

Servicios

Identificación Hembra	Identificación Reproductor	Técnico Inseminador	Identificación Hembra	Identificación Reproductor	Técnico Inseminador

Secados - Destetes

Identificación Hembra	Cría			Identificación Hembra	Cría		
	Sexo	Indentficación	Peso		Sexo	Indentficación	Peso

Muertes

Jóvenes				Jóvenes			
Identificación	Sexo	Identificación	Sexo	Identificación	Sexo	Identificación	Sexo

Comentarios: _____

_____

_____

Intar Ganadera

13 de Agosto

Nº de Vacas en producción	
2 Ordeños	En secado

Producción de Leche		
am.	pm.	Total

Potrero en ocupación		
Identificación	Especie	Día de ocup.

Partos

Identificación Hembra	Condición Corporal	Cría			Observaciones
		Sexo	Indentificación	Peso	

Servicios

Identificación Hembra	Identificación Reproductor	Técnico Inseminador	Identificación Hembra	Identificación Reproductor	Técnico Inseminador

Secados - Destetes

Identificación Hembra	Cría			Identificación Hembra	Cría		
	Sexo	Indentficación	Peso		Sexo	Indentficación	Peso

Muertes

Jóvenes				Jóvenes			
Identificación	Sexo	Identificación	Sexo	Identificación	Sexo	Identificación	Sexo

Comentarios: _____

_____

_____

14de Agosto

N° de Vacas en producción	
2 Ordeños	En secado

Producción de Leche			
am.	pm.	Total	

Potrero en ocupación		
Identificación	Especie	Día de ocup.

Partos

Identificación Hembra	Condición Corporal	Cría			Observaciones
		Sexo	Indentificación	Peso	

Servicios

Identificación Hembra	Identificación Reproductor	Técnico Inseminador	Identificación Hembra	Identificación Reproductor	Técnico Inseminador

Secados - Destetes

Identificación Hembra	Cría			Identificación Hembra	Cría		
	Sexo	Indentficación	Peso		Sexo	Indentficación	Peso

Muertes

Jóvenes				Jóvenes			
Identificación	Sexo	Identificación	Sexo	Identificación	Sexo	Identificación	Sexo

Comentarios: _____

_____

_____

∀ Intar Ganadera

15 de Agosto

N° de Vacas en producción	
2 Ordeños	En secado

Producción de Leche		
am.	pm.	Total

Potrero en ocupación		
Identificación	Especie	Día de ocup.

Partos

Identificación Hembra	Condición Corporal	Cría			Observaciones
		Sexo	Indentificación	Peso	

Servicios

Identificación Hembra	Identificación Reproductor	Técnico Inseminador

Identificación Hembra	Identificación Reproductor	Técnico Inseminador

Secados - Destetes

Identificación Hembra	Cria		
	Sexo	Indentficación	Peso

Identificación Hembra	Cría		
	Sexo	Indentficación	Peso

Muertes

Jóvenes			
Identificación	Sexo	Identificación	Sexo

Jóvenes			
Identificación	Sexo	Identificación	Sexo

Comentarios: _____

_____

_____

16 de Agosto

N° de Vacas en producción	
2 Ordeños	En secado

Producción de Leche				Potrero en ocupación		
am.	pm.	Total		Identificación	Especie	Día de ocup.

Partos

Identificación Hembra	Condición Corporal	Cría			Observaciones
		Sexo	Indentificación	Peso	

Servicios

Identificación Hembra	Identificación Reproductor	Técnico Inseminador	Identificación Hembra	Identificación Reproductor	Técnico Inseminador

Secados - Destetes

Identificación Hembra	Cría			Identificación Hembra	Cría		
	Sexo	Indentficación	Peso		Sexo	Indentficación	Peso

Muertes

Jóvenes				Jóvenes			
Identificación	Sexo	Identificación	Sexo	Identificación	Sexo	Identificación	Sexo

Comentarios: _____

_____

_____

17 de Agosto

N° de Vacas en producción	
2 Ordeños	En secado

Producción de Leche		
am.	pm.	Total

Potrero en ocupación		
Identificación	Especie	Día de ocup.

Partos

Identificación Hembra	Condición Corporal	Cría			Observaciones
		Sexo	Indentificación	Peso	

Servicios

Identificación Hembra	Identificación Reproductor	Técnico Inseminador

Identificación Hembra	Identificación Reproductor	Técnico Inseminador

Secados - Destetes

Identificación Hembra	Cría		
	Sexo	Indentficación	Peso

Identificación Hembra	Cría		
	Sexo	Indentficación	Peso

Muertes

Jóvenes			
Identificación	Sexo	Identificación	Sexo

Jóvenes			
Identificación	Sexo	Identificación	Sexo

Comentarios: _____
_____
_____

18 de Agosto

N° de Vacas en producción	
2 Ordeños	En secado

Producción de Leche		
am.	pm.	Total

Potrero en ocupación		
Identificación	Especie	Día de ocup.

Partos

Identificación Hembra	Condición Corporal	Cría			Observaciones
		Sexo	Indentificación	Peso	

Servicios

Identificación Hembra	Identificación Reproductor	Técnico Inseminador

Identificación Hembra	Identificación Reproductor	Técnico Inseminador

Secados - Destetes

Identificación Hembra	Cría		
	Sexo	Indentficación	Peso

Identificación Hembra	Cría		
	Sexo	Indentficación	Peso

Muertes

Jóvenes			
Identificación	Sexo	Identificación	Sexo

Jóvenes			
Identificación	Sexo	Identificación	Sexo

Comentarios: _____

_____

_____

19 ^{de} Agosto

Nº de Vacas en producción	
2 Ordeños	En secado

Producción de Leche		
am.	pm.	Total

Potrero en ocupación		
Identificación	Especie	Día de ocup.

Partos

Identificación Hembra	Condición Corporal	Cría			Observaciones
		Sexo	Indentificación	Peso	

Servicios

Identificación Hembra	Identificación Reproductor	Técnico Inseminador	Identificación Hembra	Identificación Reproductor	Técnico Inseminador

Secados - Destetes

Identificación Hembra	Cría			Identificación Hembra	Cría		
	Sexo	Indentficación	Peso		Sexo	Indentficación	Peso

Muertes

Jóvenes				Jóvenes			
Identificación	Sexo	Identificación	Sexo	Identificación	Sexo	Identificación	Sexo

Comentarios: _____

_____

_____

intar Ganadera

20 de Agosto

Nº de Vacas en producción	
2 Ordeños	En secado

Producción de Leche		
am.	pm.	Total

Potrero en ocupación		
Identificación	Especie	Día de ocup.

Partos

Identificación Hembra	Condición Corporal	Cría			Observaciones
		Sexo	Indentificación	Peso	

Servicios

Identificación Hembra	Identificación Reproductor	Técnico Inseminador	Identificación Hembra	Identificación Reproductor	Técnico Inseminador

Secados - Destetes

Identificación Hembra	Cría			Identificación Hembra	Cría		
	Sexo	Indentficación	Peso		Sexo	Indentficación	Peso

Muertes

Jóvenes				Jóvenes			
Identificación	Sexo	Identificación	Sexo	Identificación	Sexo	Identificación	Sexo

Comentarios: _____
_____
_____

ᴠ inᴛᴀr Ganadera

21 ^{de} Agosto

Nº de Vacas en producción	
2 Ordeños	En secado

Producción de Leche		
am.	pm.	Total

Potrero en ocupación		
Identificación	Especie	Día de ocup.

Partos

Identificación Hembra	Condición Corporal	Cría			Observaciones
		Sexo	Indentificación	Peso	

Servicios

Identificación Hembra	Identificación Reproductor	Técnico Inseminador

Identificación Hembra	Identificación Reproductor	Técnico Inseminador

Secados - Destetes

Identificación Hembra	Cría		
	Sexo	Indentficación	Peso

Identificación Hembra	Cría		
	Sexo	Indentficación	Peso

Muertes

Jóvenes			
Identificación	Sexo	Identificación	Sexo

Jóvenes			
Identificación	Sexo	Identificación	Sexo

Comentarios: _____

_____

_____

22 ^{de} Agosto

N° de Vacas en producción	
2 Ordeños	En secado

Producción de Leche				Potrero en ocupación		
am.	pm.	Total		Identificación	Especie	Día de ocup.

Partos

Identificación Hembra	Condición Corporal	Cría			Observaciones
		Sexo	Indentificación	Peso	

Servicios

Identificación Hembra	Identificación Reproductor	Técnico Inseminador	Identificación Hembra	Identificación Reproductor	Técnico Inseminador

Secados - Destetes

Identificación Hembra	Cría			Identificación Hembra	Cría		
	Sexo	Indentficación	Peso		Sexo	Indentficación	Peso

Muertes

Jóvenes				Jóvenes			
Identificación	Sexo	Identificación	Sexo	Identificación	Sexo	Identificación	Sexo

Comentarios: _____
_____
_____

23 ^{de} Agosto

Nº de Vacas en producción	
2 Ordeños	En secado

Producción de Leche				Potrero en ocupación		
am.	pm.	Total		Identificación	Especie	Día de ocup.

Partos

Identificación Hembra	Condición Corporal	Cria			Observaciones
		Sexo	Indentificación	Peso	

Servicios

Identificación Hembra	Identificación Reproductor	Técnico Inseminador	Identificación Hembra	Identificación Reproductor	Técnico Inseminador

Secados - Destetes

Identificación Hembra	Cria			Identificación Hembra	Cria		
	Sexo	Indentficación	Peso		Sexo	Indentficación	Peso

Muertes

Jóvenes				Jóvenes			
Identificación	Sexo	Identificación	Sexo	Identificación	Sexo	Identificación	Sexo

Comentarios: _____

_____

_____

24 de Agosto

N° de Vacas en producción	
2 Ordeños	En secado

Producción de Leche		
am.	pm.	Total

Potrero en ocupación		
Identificación	Especie	Día de ocup.

Partos

Identificación Hembra	Condición Corporal	Cría			Observaciones
		Sexo	Indentificación	Peso	

Servicios

Identificación Hembra	Identificación Reproductor	Técnico Inseminador

Identificación Hembra	Identificación Reproductor	Técnico Inseminador

Secados - Destetes

Identificación Hembra	Cría		
	Sexo	Indentficación	Peso

Identificación Hembra	Cría		
	Sexo	Indentficación	Peso

Muertes

Jóvenes			
Identificación	Sexo	Identificación	Sexo

Jóvenes			
Identificación	Sexo	Identificación	Sexo

Comentarios: _____
_____
_____

ᎱInTar Ganadera

25 ^{de} Agosto

N° de Vacas en producción	
2 Ordeños	En secado

Producción de Leche				Potrero en ocupación		
am.	pm.	Total		Identificación	Especie	Día de ocup.

Partos

Identificación Hembra	Condición Corporal	Cría			Observaciones
		Sexo	Indentificación	Peso	

Servicios

Identificación Hembra	Identificación Reproductor	Técnico Inseminador	Identificación Hembra	Identificación Reproductor	Técnico Inseminador

Secados - Destetes

Identificación Hembra	Cría			Identificación Hembra	Cría		
	Sexo	Indentficación	Peso		Sexo	Indentficación	Peso

Muertes

Jóvenes				Jóvenes			
Identificación	Sexo	Identificación	Sexo	Identificación	Sexo	Identificación	Sexo

Comentarios: _____

_____

_____

26 de Agosto

Nº de Vacas en producción	
2 Ordeños	En secado

Producción de Leche / Potrero en ocupación

am.	pm.	Total

Identificación	Especie	Día de ocup.

Partos

Identificación Hembra	Condición Corporal	Cría			Observaciones
		Sexo	Indentificación	Peso	

Servicios

Identificación Hembra	Identificación Reproductor	Técnico Inseminador	Identificación Hembra	Identificación Reproductor	Técnico Inseminador

Secados - Destetes

Identificación Hembra	Cría			Identificación Hembra	Cría		
	Sexo	Indentficación	Peso		Sexo	Indentficación	Peso

Muertes

Jóvenes				Jóvenes			
Identificación	Sexo	Identificación	Sexo	Identificación	Sexo	Identificación	Sexo

Comentarios: _____

ᗄ Inta Ganadera

27 de Agosto

Nº de Vacas en producción	
2 Ordeños	En secado

Producción de Leche		
am.	pm.	Total

Potrero en ocupación		
Identificación	Especie	Día de ocup.

Partos

Identificación Hembra	Condición Corporal	Cría			Observaciones
		Sexo	Indentificación	Peso	

Servicios

Identificación Hembra	Identificación Reproductor	Técnico Inseminador		Identificación Hembra	Identificación Reproductor	Técnico Inseminador

Secados - Destetes

Identificación Hembra	Cría			Identificación Hembra	Cría		
	Sexo	Indentficación	Peso		Sexo	Indentficación	Peso

Muertes

Jóvenes				Jóvenes			
Identificación	Sexo	Identificación	Sexo	Identificación	Sexo	Identificación	Sexo

Comentarios: _____

_____

_____

28 ^{de} Agosto

Nº de Vacas en producción	
2 Ordeños	En secado

Producción de Leche				Potrero en ocupación		
am.	pm.	Total || Identificación	Especie	Día de ocup.

Partos

Identificación Hembra	Condición Corporal	Cría			Observaciones
		Sexo	Indentificación	Peso	

Servicios

Identificación Hembra	Identificación Reproductor	Técnico Inseminador	Identificación Hembra	Identificación Reproductor	Técnico Inseminador

Secados - Destetes

Identificación Hembra	Cría			Identificación Hembra	Cría		
	Sexo	Indentficación	Peso		Sexo	Indentficación	Peso

Muertes

Jóvenes				Jóvenes			
Identificación	Sexo	Identificación	Sexo	Identificación	Sexo	Identificación	Sexo

Comentarios: _____

_____

_____

♉ **intar** Ganadera

29 de Agosto

Nº de Vacas en producción	
2 Ordeños	En secado

Producción de Leche		
am.	pm.	Total

Potrero en ocupación		
Identificación	Especie	Día de ocup.

Partos

Identificación Hembra	Condición Corporal	Cría			Observaciones
		Sexo	Indentificación	Peso	

Servicios

Identificación Hembra	Identificación Reproductor	Técnico Inseminador	Identificación Hembra	Identificación Reproductor	Técnico Inseminador

Secados - Destetes

Identificación Hembra	Cría			Identificación Hembra	Cría		
	Sexo	Indentficación	Peso		Sexo	Indentficación	Peso

Muertes

Jóvenes				Jóvenes			
Identificación	Sexo	Identificación	Sexo	Identificación	Sexo	Identificación	Sexo

Comentarios: _____

_____

_____

30 de Agosto

N° de Vacas en producción	
2 Ordeños	En secado

Producción de Leche		
am.	pm.	Total

Potrero en ocupación		
Identificación	Especie	Día de ocup.

Partos

Identificación Hembra	Condición Corporal	Cría			Observaciones
		Sexo	Indentificación	Peso	

Servicios

Identificación Hembra	Identificación Reproductor	Técnico Inseminador	Identificación Hembra	Identificación Reproductor	Técnico Inseminador

Secados - Destetes

Identificación Hembra	Cría			Identificación Hembra	Cría		
	Sexo	Indentficación	Peso		Sexo	Indentficación	Peso

Muertes

Jóvenes				Jóvenes			
Identificación	Sexo	Identificación	Sexo	Identificación	Sexo	Identificación	Sexo

Comentarios: _____

_____

_____

31 de Agosto

N° de Vacas en producción	
2 Ordeños	En secado

Producción de Leche		
am.	pm.	Total

Potrero en ocupación		
Identificación	Especie	Día de ocup.

Partos

Identificación Hembra	Condición Corporal	Cría			Observaciones
		Sexo	Indentificación	Peso	

Servicios

Identificación Hembra	Identificación Reproductor	Técnico Inseminador

Identificación Hembra	Identificación Reproductor	Técnico Inseminador

Secados - Destetes

Identificación Hembra	Cría		
	Sexo	Indentficación	Peso

Identificación Hembra	Cría		
	Sexo	Indentficación	Peso

Muertes

Jóvenes			
Identificación	Sexo	Identificación	Sexo

Jóvenes			
Identificación	Sexo	Identificación	Sexo

Comentarios: _____
_____
_____

Resumen de Eventos Diarios
(Registro Cuantitativo Agosto)

Dia	Hembras Paridas	Nacimientos		Hembras Secadas	Terneros destetados		Mortalidad Adultos	Mortalidad jóvenes		Ventas	Compras
		M	H		M	H		M	H		
1											
2											
3											
4											
5											
6											
7											
8											
9											
10											
11											
12											
13											
14											
15											
16											
17											
18											
19											
20											
21											
22											
23											
24											
25											
26											
27											
28											
29											
30											
31											
To-tal											

Control Mensual del Rebaño

ꭒ ɪnᴛɑr Ganadera

	Reproductores	Hembras		Novillos	Novillas	Terneros Destetados	Terneras Destetadas	Terneros lactantes		Total	
		Prod.	Secas					H	M	Cabezas	U.A.
Existencia Anterior											
Nacimientos											
Compras											
Mortalidad											
Ventas											
Cambio de Estado											
Balance											

Control de Prácticas Sanitarias

Agosto

Vacunas	Fecha	N° Dosis Adultos	N° Dosis Jóvenes M	N° Dosis Jóvenes H	Fecha Vacunación	Laboratorio	Lote N°	Fecha Vencimiento de la Vacuna
Fiebre Aftosa								
Estomatitis Vesicular								
Brucelosis								
Clostridiales								
Leptospirosis								

Control Parasitario	Fecha	Dosis Adultos	Dosis Jóvenes	Vía Administración	Fecha de Repetición
Endoparasitos					
Ectoparasitos					
Agentes Hemotropicos					

Pruebas Diagnosticas	Fecha	N° de Pruebas Adultos	N° de Pruebas Jóvenes	N° de Reacciones Positivas	Fecha de Repetición de la prueba
P. Brucelosis					
P. Tuberculina					
P. Mastitis					

Resumen Mensual Agosto
(Producción y Eventos)

Venta	Producción Total (L)	Nº Días	Producción Prom./Día	Nº Prom.Vacas Ord./Día	Producciones Vaca/Ord./Día
Leche					

Venta de Carne	Nº Animales	Kg Totales	Precio Venta	Total Ingreso
Reproductores (Descarte)				
Hembras (Descarte)				
Novillos				
Novillas				
Terneros(as) Destetados				
Terneros(as) Lactantes				
Total General				

Evento	Total
Partos	

Evento	Nº Machos	Nº Hembras	Total
Nacimientos			

Evento	Inseminación Artificial Nº	Monta Natural Nº	Total
Servicios			

Evento	Reproductores	Hembras	Novillos Novillas	Terneros(as) Destetados	Terneros(as) Lactantes	Total
Muertes						

Comentarios: _____
_____
_____
_____
_____
_____
_____

1 de Septiembre

Nº de Vacas en producción	
2 Ordeños	En secado

Producción de Leche		
am.	pm.	Total

Potrero en ocupación		
Identificación	Especie	Día de ocup.

Partos

Identificación Hembra	Condición Corporal	Cría			Observaciones
		Sexo	Indentificación	Peso	

Servicios

Identificación Hembra	Identificación Reproductor	Técnico Inseminador

Identificación Hembra	Identificación Reproductor	Técnico Inseminador

Secados - Destetes

Identificación Hembra	Cría		
	Sexo	Indentficación	Peso

Identificación Hembra	Cría		
	Sexo	Indentficación	Peso

Muertes

Jóvenes			
Identificación	Sexo	Identificación	Sexo

Jóvenes			
Identificación	Sexo	Identificación	Sexo

Comentarios: _____

_____

_____

** intar** Ganadera

2 de Septiembre

Nº de Vacas en producción	
2 Ordeños	En secado

Producción de Leche				Potrero en ocupación		
am.	pm.	Total		Identificación	Especie	Día de ocup.

Partos

Identificación Hembra	Condición Corporal	Cría			Observaciones
		Sexo	Indentificación	Peso	

Servicios

Identificación Hembra	Identificación Reproductor	Técnico Inseminador	Identificación Hembra	Identificación Reproductor	Técnico Inseminador

Secados - Destetes

Identificación Hembra	Cría			Identificación Hembra	Cría		
	Sexo	Indentficación	Peso		Sexo	Indentficación	Peso

Muertes

Jóvenes				Jóvenes			
Identificación	Sexo	Identificación	Sexo	Identificación	Sexo	Identificación	Sexo

Comentarios: _____
_____
_____

3 de Septiembre

N° de Vacas en producción	
2 Ordeños	En secado

Producción de Leche		
am.	pm.	Total

Potrero en ocupación		
Identificación	Especie	Día de ocup.

Partos

Identificación Hembra	Condición Corporal	Cría			Observaciones
		Sexo	Indentificación	Peso	

Servicios

Identificación Hembra	Identificación Reproductor	Técnico Inseminador

Identificación Hembra	Identificación Reproductor	Técnico Inseminador

Secados - Destetes

Identificación Hembra	Cría		
	Sexo	Indentficación	Peso

Identificación Hembra	Cría		
	Sexo	Indentficación	Peso

Muertes

Jóvenes			
Identificación	Sexo	Identificación	Sexo

Jóvenes			
Identificación	Sexo	Identificación	Sexo

Comentarios: _____

_____

_____

 **Ganadera**

4 de Septiembre

Nº de Vacas en producción	
2 Ordeños	En secado

Producción de Leche		
am.	pm.	Total

Potrero en ocupación		
Identificación	Especie	Día de ocup.

Partos

Identificación Hembra	Condición Corporal	Cría			Observaciones
		Sexo	Indentificación	Peso	

Servicios

Identificación Hembra	Identificación Reproductor	Técnico Inseminador

Identificación Hembra	Identificación Reproductor	Técnico Inseminador

Secados - Destetes

Identificación Hembra	Cría		
	Sexo	Indentficación	Peso

Identificación Hembra	Cría		
	Sexo	Indentficación	Peso

Muertes

Jóvenes			
Identificación	Sexo	Identificación	Sexo

Jóvenes			
Identificación	Sexo	Identificación	Sexo

Comentarios: _____

_____

_____

5 de Septiembre

Nº de Vacas en producción	
2 Ordeños	En secado

Producción de Leche			
am.	pm.	Total

Potrero en ocupación		
Identificación	Especie	Día de ocup.

Partos

Identificación Hembra	Condición Corporal	Cría			Observaciones
		Sexo	Indentificación	Peso	

Servicios

Identificación Hembra	Identificación Reproductor	Técnico Inseminador

Identificación Hembra	Identificación Reproductor	Técnico Inseminador

Secados - Destetes

Identificación Hembra	Cría		
	Sexo	Indentficación	Peso

Identificación Hembra	Cría		
	Sexo	Indentficación	Peso

Muertes

Jóvenes			
Identificación	Sexo	Identificación	Sexo

Jóvenes			
Identificación	Sexo	Identificación	Sexo

Comentarios: _____
_____
_____

 **Inra** Ganadera

6 de Septiembre

Nº de Vacas en producción	
2 Ordeños	En secado

Producción de Leche		
am.	pm.	Total

Potrero en ocupación		
Identificación	Especie	Día de ocup.

Partos

Identificación Hembra	Condición Corporal	Cría			Observaciones
		Sexo	Indentificación	Peso	

Servicios

Identificación Hembra	Identificación Reproductor	Técnico Inseminador

Identificación Hembra	Identificación Reproductor	Técnico Inseminador

Secados - Destetes

Identificación Hembra	Cría		
	Sexo	Indentficación	Peso

Identificación Hembra	Cría		
	Sexo	Indentficación	Peso

Muertes

Jóvenes			
Identificación	Sexo	Identificación	Sexo

Jóvenes			
Identificación	Sexo	Identificación	Sexo

Comentarios: _____

_____

_____

 **intar** Ganadera

7de Septiembre

N° de Vacas en producción	
2 Ordeños	En secado

Producción de Leche		
am.	pm.	Total

Potrero en ocupación		
Identificación	Especie	Día de ocup.

Partos

Identificación Hembra	Condición Corporal	Cría			Observaciones
		Sexo	Indentificación	Peso	

Servicios

Identificación Hembra	Identificación Reproductor	Técnico Inseminador

Identificación Hembra	Identificación Reproductor	Técnico Inseminador

Secados - Destetes

Identificación Hembra	Cría		
	Sexo	Indentficación	Peso

Identificación Hembra	Cría		
	Sexo	Indentficación	Peso

Muertes

Jóvenes			
Identificación	Sexo	Identificación	Sexo

Jóvenes			
Identificación	Sexo	Identificación	Sexo

Comentarios: _____

_____

_____

ᵼ ɪɴᴛɑɾ Ganadera

8 de Septiembre

Nº de Vacas en producción	
2 Ordeños	En secado

Producción de Leche			Potrero en ocupación		
am.	pm.	Total	Identificación	Especie	Día de ocup.

Partos

Identificación Hembra	Condición Corporal	Cría			Observaciones
		Sexo	Indentificación	Peso	

Servicios

Identificación Hembra	Identificación Reproductor	Técnico Inseminador	Identificación Hembra	Identificación Reproductor	Técnico Inseminador

Secados - Destetes

Identificación Hembra	Cría			Identificación Hembra	Cría		
	Sexo	Indentficación	Peso		Sexo	Indentficación	Peso

Muertes

Jóvenes				Jóvenes			
Identificación	Sexo	Identificación	Sexo	Identificación	Sexo	Identificación	Sexo

Comentarios: _____

_____

_____

9 ^{de} Septiembre

Nº de Vacas en producción	
2 Ordeños	En secado

Producción de Leche		
am.	pm.	Total

Potrero en ocupación		
Identificación	Especie	Día de ocup.

Partos

Identificación Hembra	Condición Corporal	Cría			Observaciones
		Sexo	Indentificación	Peso	

Servicios

Identificación Hembra	Identificación Reproductor	Técnico Inseminador

Identificación Hembra	Identificación Reproductor	Técnico Inseminador

Secados - Destetes

Identificación Hembra	Cría		
	Sexo	Indentficación	Peso

Identificación Hembra	Cría		
	Sexo	Indentficación	Peso

Muertes

Jóvenes			
Identificación	Sexo	Identificación	Sexo

Jóvenes			
Identificación	Sexo	Identificación	Sexo

Comentarios: _____
_____
_____

intar Ganadera

10 de Septiembre

Nº de Vacas en producción	
2 Ordeños	En secado

Producción de Leche		
am.	pm.	Total

Potrero en ocupación		
Identificación	Especie	Día de ocup.

Partos

Identificación Hembra	Condición Corporal	Cría			Observaciones
		Sexo	Indentificación	Peso	

Servicios

Identificación Hembra	Identificación Reproductor	Técnico Inseminador	Identificación Hembra	Identificación Reproductor	Técnico Inseminador

Secados - Destetes

Identificación Hembra	Cría			Identificación Hembra	Cría		
	Sexo	Indentficación	Peso		Sexo	Indentficación	Peso

Muertes

Jóvenes				Jóvenes			
Identificación	Sexo	Identificación	Sexo	Identificación	Sexo	Identificación	Sexo

Comentarios: _____

_____

_____

11 ^{de} Septiembre

Nº de Vacas en producción	
2 Ordeños	En secado

Producción de Leche			
am.	pm.	Total

Potrero en ocupación		
Identificación	Especie	Día de ocup.

Partos

Identificación Hembra	Condición Corporal	Cría			Observaciones
		Sexo	Indentificación	Peso	

Servicios

Identificación Hembra	Identificación Reproductor	Técnico Inseminador	Identificación Hembra	Identificación Reproductor	Técnico Inseminador

Secados - Destetes

Identificación Hembra	Cría			Identificación Hembra	Cría		
	Sexo	Indentficación	Peso		Sexo	Indentficación	Peso

Muertes

Jóvenes				Jóvenes			
Identificación	Sexo	Identificación	Sexo	Identificación	Sexo	Identificación	Sexo

Comentarios: _____

_____

_____

ᵼ intɑr Ganadera

12 ^de Septiembre

Nº de Vacas en producción	
2 Ordeños	En secado

Producción de Leche		
am.	pm.	Total

Potrero en ocupación		
Identificación	Especie	Día de ocup.

Partos

Identificación Hembra	Condición Corporal	Cría			Observaciones
		Sexo	Indentificación	Peso	

Servicios

Identificación Hembra	Identificación Reproductor	Técnico Inseminador

Identificación Hembra	Identificación Reproductor	Técnico Inseminador

Secados - Destetes

Identificación Hembra	Cría		
	Sexo	Indentficación	Peso

Identificación Hembra	Cría		
	Sexo	Indentficación	Peso

Muertes

Jóvenes			
Identificación	Sexo	Identificación	Sexo

Jóvenes			
Identificación	Sexo	Identificación	Sexo

Comentarios: _____
_____
_____

13 de Septiembre

N° de Vacas en producción	
2 Ordeños	En secado

Producción de Leche		
am.	pm.	Total

Potrero en ocupación		
Identificación	Especie	Día de ocup.

Partos

Identificación Hembra	Condición Corporal	Cría			Observaciones
		Sexo	Indentificación	Peso	

Servicios

Identificación Hembra	Identificación Reproductor	Técnico Inseminador	Identificación Hembra	Identificación Reproductor	Técnico Inseminador

Secados - Destetes

Identificación Hembra	Cría			Identificación Hembra	Cría		
	Sexo	Indentficación	Peso		Sexo	Indentficación	Peso

Muertes

Jóvenes				Jóvenes			
Identificación	Sexo	Identificación	Sexo	Identificación	Sexo	Identificación	Sexo

Comentarios: _____

_____

_____

ᙏ intar Ganadera

14 ^{de} Septiembre

Nº de Vacas en producción	
2 Ordeños	En secado

Producción de Leche		
am.	pm.	Total

Potrero en ocupación		
Identificación	Especie	Día de ocup.

Partos

Identificación Hembra	Condición Corporal	Cría			Observaciones
		Sexo	Indentificación	Peso	

Servicios

Identificación Hembra	Identificación Reproductor	Técnico Inseminador	Identificación Hembra	Identificación Reproductor	Técnico Inseminador

Secados - Destetes

Identificación Hembra	Cría			Identificación Hembra	Cría		
	Sexo	Indentficación	Peso		Sexo	Indentficación	Peso

Muertes

Jóvenes				Jóvenes			
Identificación	Sexo	Identificación	Sexo	Identificación	Sexo	Identificación	Sexo

Comentarios: _____
_____
_____

15 de Septiembre

N° de Vacas en producción	
2 Ordeños	En secado

Producción de Leche		
am.	pm.	Total

Potrero en ocupación		
Identificación	Especie	Día de ocup.

Partos

Identificación Hembra	Condición Corporal	Cría			Observaciones
		Sexo	Indentificación	Peso	

Servicios

Identificación Hembra	Identificación Reproductor	Técnico Inseminador

Identificación Hembra	Identificación Reproductor	Técnico Inseminador

Secados - Destetes

Identificación Hembra	Cría		
	Sexo	Indentficación	Peso

Identificación Hembra	Cría		
	Sexo	Indentficación	Peso

Muertes

Jóvenes			
Identificación	Sexo	Identificación	Sexo

Jóvenes			
Identificación	Sexo	Identificación	Sexo

Comentarios: _____

_____

_____

ᗺ **INTA** Ganadera

16 ^{de} Septiembre

Nº de Vacas en producción	
2 Ordeños	En secado

Producción de Leche		
am.	pm.	Total

Potrero en ocupación		
Identificación	Especie	Día de ocup.

Partos

Identificación Hembra	Condición Corporal	Cría			Observaciones
		Sexo	Indentificación	Peso	

Servicios

Identificación Hembra	Identificación Reproductor	Técnico Inseminador

Identificación Hembra	Identificación Reproductor	Técnico Inseminador

Secados - Destetes

Identificación Hembra	Cría		
	Sexo	Indentficación	Peso

Identificación Hembra	Cría		
	Sexo	Indentficación	Peso

Muertes

Jóvenes			
Identificación	Sexo	Identificación	Sexo

Jóvenes			
Identificación	Sexo	Identificación	Sexo

Comentarios: _____

_____

_____

17 ^{de} Septiembre

Nº de Vacas en producción	
2 Ordeños	En secado

Producción de Leche				Potrero en ocupación		
am.	pm.	Total		Identificación	Especie	Día de ocup.

Partos

Identificación Hembra	Condición Corporal	Cría			Observaciones
		Sexo	Indentificación	Peso	

Servicios

Identificación Hembra	Identificación Reproductor	Técnico Inseminador

Identificación Hembra	Identificación Reproductor	Técnico Inseminador

Secados - Destetes

Identificación Hembra	Cría		
	Sexo	Indentficación	Peso

Identificación Hembra	Cría		
	Sexo	Indentficación	Peso

Muertes

Jóvenes			
Identificación	Sexo	Identificación	Sexo

Jóvenes			
Identificación	Sexo	Identificación	Sexo

Comentarios: _____

_____

_____

ᗄ ɪnƬɑr Ganadera

18 ^{de} Septiembre

N° de Vacas en producción	
2 Ordeños	En secado

Producción de Leche		
am.	pm.	Total

Potrero en ocupación		
Identificación	Especie	Día de ocup.

Partos

Identificación Hembra	Condición Corporal	Cría			Observaciones
		Sexo	Indentificación	Peso	

Servicios

Identificación Hembra	Identificación Reproductor	Técnico Inseminador

Identificación Hembra	Identificación Reproductor	Técnico Inseminador

Secados - Destetes

Identificación Hembra	Cría		
	Sexo	Indentficación	Peso

Identificación Hembra	Cría		
	Sexo	Indentficación	Peso

Muertes

Jóvenes			
Identificación	Sexo	Identificación	Sexo

Jóvenes			
Identificación	Sexo	Identificación	Sexo

Comentarios: _____
_____
_____

19de Septiembre

Nº de Vacas en producción	
2 Ordeños	En secado

Producción de Leche		
am.	pm.	Total

Potrero en ocupación		
Identificación	Especie	Día de ocup.

Partos

Identificación Hembra	Condición Corporal	Cría			Observaciones
		Sexo	Indentificación	Peso	

Servicios

Identificación Hembra	Identificación Reproductor	Técnico Inseminador	Identificación Hembra	Identificación Reproductor	Técnico Inseminador

Secados - Destetes

Identificación Hembra	Cría			Identificación Hembra	Cría		
	Sexo	Indentficación	Peso		Sexo	Indentficación	Peso

Muertes

Jóvenes				Jóvenes			
Identificación	Sexo	Identificación	Sexo	Identificación	Sexo	Identificación	Sexo

Comentarios: _____

_____

_____

Ᏺ INTA Ganadera

20 ^{de} Septiembre

Nº de Vacas en producción	
2 Ordeños	En secado

Producción de Leche		
am.	pm.	Total

Potrero en ocupación		
Identificación	Especie	Día de ocup.

Partos

Identificación Hembra	Condición Corporal	Cría			Observaciones
		Sexo	Indentificación	Peso	

Servicios

Identificación Hembra	Identificación Reproductor	Técnico Inseminador	Identificación Hembra	Identificación Reproductor	Técnico Inseminador

Secados - Destetes

Identificación Hembra	Cría			Identificación Hembra	Cría		
	Sexo	Indentficación	Peso		Sexo	Indentficación	Peso

Muertes

Jóvenes				Jóvenes			
Identificación	Sexo	Identificación	Sexo	Identificación	Sexo	Identificación	Sexo

Comentarios: _____

_____

_____

21 ^{de} Septiembre

Nº de Vacas en producción	
2 Ordeños	En secado

Producción de Leche		
am.	pm.	Total

Potrero en ocupación		
Identificación	Especie	Día de ocup.

Partos

Identificación Hembra	Condición Corporal	Cría			Observaciones
		Sexo	Indentificación	Peso	

Servicios

Identificación Hembra	Identificación Reproductor	Técnico Inseminador

Identificación Hembra	Identificación Reproductor	Técnico Inseminador

Secados - Destetes

Identificación Hembra	Cría		
	Sexo	Indentficación	Peso

Identificación Hembra	Cría		
	Sexo	Indentficación	Peso

Muertes

Jóvenes			
Identificación	Sexo	Identificación	Sexo

Jóvenes			
Identificación	Sexo	Identificación	Sexo

Comentarios: _____

_____

_____

22 ^{de} Septiembre

N° de Vacas en producción	
2 Ordeños	En secado

Producción de Leche		
am.	pm.	Total

Potrero en ocupación		
Identificación	Especie	Día de ocup.

Partos

Identificación Hembra	Condición Corporal	Cría			Observaciones
		Sexo	Indentificación	Peso	

Servicios

Identificación Hembra	Identificación Reproductor	Técnico Inseminador	Identificación Hembra	Identificación Reproductor	Técnico Inseminador

Secados - Destetes

Identificación Hembra	Cría			Identificación Hembra	Cría		
	Sexo	Indentficación	Peso		Sexo	Indentficación	Peso

Muertes

Jóvenes				Jóvenes			
Identificación	Sexo	Identificación	Sexo	Identificación	Sexo	Identificación	Sexo

Comentarios: _____

_____

_____

23 ^{de} Septiembre

Nº de Vacas en producción	
2 Ordeños	En secado

Producción de Leche		
am.	pm.	Total

Potrero en ocupación		
Identificación	Especie	Día de ocup.

Partos

Identificación Hembra	Condición Corporal	Cría			Observaciones
		Sexo	Indentificación	Peso	

Servicios

Identificación Hembra	Identificación Reproductor	Técnico Inseminador

Identificación Hembra	Identificación Reproductor	Técnico Inseminador

Secados - Destetes

Identificación Hembra	Cría		
	Sexo	Indentficación	Peso

Identificación Hembra	Cría		
	Sexo	Indentficación	Peso

Muertes

Jóvenes			
Identificación	Sexo	Identificación	Sexo

Jóvenes			
Identificación	Sexo	Identificación	Sexo

Comentarios: _____

⛩ intar Ganadera

24 de Septiembre

Nº de Vacas en producción	
2 Ordeños	En secado

Producción de Leche		
am.	pm.	Total

Potrero en ocupación		
Identificación	Especie	Día de ocup.

Partos

Identificación Hembra	Condición Corporal	Cría			Observaciones
		Sexo	Indentificación	Peso	

Servicios

Identificación Hembra	Identificación Reproductor	Técnico Inseminador

Identificación Hembra	Identificación Reproductor	Técnico Inseminador

Secados - Destetes

Identificación Hembra	Cría		
	Sexo	Indentficación	Peso

Identificación Hembra	Cría		
	Sexo	Indentficación	Peso

Muertes

Jóvenes			
Identificación	Sexo	Identificación	Sexo

Jóvenes			
Identificación	Sexo	Identificación	Sexo

Comentarios: _____

_____

_____

25 de Septiembre

N° de Vacas en producción	
2 Ordeños	En secado

Producción de Leche				Potrero en ocupación		
am.	pm.	Total		Identificación	Especie	Día de ocup.

Partos

Identificación Hembra	Condición Corporal	Cría			Observaciones
		Sexo	Indentificación	Peso	

Servicios

Identificación Hembra	Identificación Reproductor	Técnico Inseminador	Identificación Hembra	Identificación Reproductor	Técnico Inseminador

Secados - Destetes

Identificación Hembra	Cría			Identificación Hembra	Cría		
	Sexo	Indentficación	Peso		Sexo	Indentficación	Peso

Muertes

Jóvenes				Jóvenes			
Identificación	Sexo	Identificación	Sexo	Identificación	Sexo	Identificación	Sexo

Comentarios: _____
_____
_____

26 de Septiembre

Nº de Vacas en producción	
2 Ordeños	En secado

Producción de Leche		
am.	pm.	Total

Potrero en ocupación		
Identificación	Especie	Día de ocup.

Partos

Identificación Hembra	Condición Corporal	Cría			Observaciones
		Sexo	Indentificación	Peso	

Servicios

Identificación Hembra	Identificación Reproductor	Técnico Inseminador	Identificación Hembra	Identificación Reproductor	Técnico Inseminador

Secados - Destetes

Identificación Hembra	Cría			Identificación Hembra	Cría		
	Sexo	Indentficación	Peso		Sexo	Indentficación	Peso

Muertes

Jóvenes				Jóvenes			
Identificación	Sexo	Identificación	Sexo	Identificación	Sexo	Identificación	Sexo

Comentarios: _____

_____

_____

27 ^{de} Septiembre

Nº de Vacas en producción	
2 Ordeños	En secado

Producción de Leche			
am.	pm.	Total

Potrero en ocupación		
Identificación	Especie	Día de ocup.

Partos

Identificación Hembra	Condición Corporal	Cría			Observaciones
		Sexo	Indentificación	Peso	

Servicios

Identificación Hembra	Identificación Reproductor	Técnico Inseminador

Identificación Hembra	Identificación Reproductor	Técnico Inseminador

Secados - Destetes

Identificación Hembra	Cría		
	Sexo	Indentficación	Peso

Identificación Hembra	Cría		
	Sexo	Indentficación	Peso

Muertes

Jóvenes			
Identificación	Sexo	Identificación	Sexo

Jóvenes			
Identificación	Sexo	Identificación	Sexo

Comentarios: _____

ᵦ ıntar Ganadera

28 de Septiembre

Nº de Vacas en producción	
2 Ordeños	En secado

Producción de Leche				Potrero en ocupación		
am.	pm.	Total		Identificación	Especie	Día de ocup.

Partos

Identificación Hembra	Condición Corporal	Cría			Observaciones
		Sexo	Indentificación	Peso	

Servicios

Identificación Hembra	Identificación Reproductor	Técnico Inseminador	Identificación Hembra	Identificación Reproductor	Técnico Inseminador

Secados - Destetes

Identificación Hembra	Cría			Identificación Hembra	Cría		
	Sexo	Indentficación	Peso		Sexo	Indentficación	Peso

Muertes

Jóvenes				Jóvenes			
Identificación	Sexo	Identificación	Sexo	Identificación	Sexo	Identificación	Sexo

Comentarios: _____
_____
_____

29 ^{de} Septiembre

Nº de Vacas en producción	
2 Ordeños	En secado

Producción de Leche		
am.	pm.	Total

Potrero en ocupación		
Identificación	Especie	Día de ocup.

Partos

Identificación Hembra	Condición Corporal	Cría			Observaciones
		Sexo	Indentificación	Peso	

Servicios

Identificación Hembra	Identificación Reproductor	Técnico Inseminador

Identificación Hembra	Identificación Reproductor	Técnico Inseminador

Secados - Destetes

Identificación Hembra	Cría		
	Sexo	Indentficación	Peso

Identificación Hembra	Cría		
	Sexo	Indentficación	Peso

Muertes

Jóvenes			
Identificación	Sexo	Identificación	Sexo

Jóvenes			
Identificación	Sexo	Identificación	Sexo

Comentarios: _____

_____

_____

30de Septiembre

Nº de Vacas en producción	
2 Ordeños	En secado

Producción de Leche		
am.	pm.	Total

Potrero en ocupación		
Identificación	Especie	Día de ocup.

Partos

Identificación Hembra	Condición Corporal	Cria			Observaciones
		Sexo	Indentificación	Peso	

Servicios

Identificación Hembra	Identificación Reproductor	Técnico Inseminador

Identificación Hembra	Identificación Reproductor	Técnico Inseminador

Secados - Destetes

Identificación Hembra	Cria		
	Sexo	Indentficación	Peso

Identificación Hembra	Cria		
	Sexo	Indentficación	Peso

Muertes

Jóvenes			
Identificación	Sexo	Identificación	Sexo

Jóvenes			
Identificación	Sexo	Identificación	Sexo

Comentarios: _____

_____

_____

Resumen de Eventos Diarios
(Registro Cuantitativo Septiembre)

Día	Hembras Paridas	Nacimientos		Hembras Secadas	Terneros destetados		Mortalidad Adultos	Mortalidad jóvenes		Ventas	Compras
		M	H		M	H		M	H		
1											
2											
3											
4											
5											
6											
7											
8											
9											
10											
11											
12											
13											
14											
15											
16											
17											
18											
19											
20											
21											
22											
23											
24											
25											
26											
27											
28											
29											
30											
31											
Total											

	Reproductores	Hembras		Novillos	Novillas	Terneros Destetados	Terneras Destetadas	Terneros lactantes		Total	
		Prod.	Secas					H	M	Cabezas	U.A.
Existencia Anterior											
Nacimientos											
Compras											
Mortalidad											
Ventas											
Cambio de Estado											
Balance											

Control de Prácticas Sanitarias

Septiembre

Vacunas	Fecha	N° Dosis			Fecha Vacunación	Laboratorio	Lote N°	Fecha Vencimiento de la Vacuna
		Adultos	Jóvenes					
			M	H				
Fiebre Aftosa								
Estomatitis Vesicular								
Brucelosis								
Clostridiales								
Leptospirosis								

Control Parasitario	Fecha	Dosis		Via Administración	Fecha de Repetición
		Adultos	Jóvenes		
Endoparasitos					
Ectoparasitos					
Agentes Hemotropicos					

Pruebas Diagnosticas	Fecha	N° de Pruebas		N° de Reacciones Positivas	Fecha de Repetición de la prueba
		Adultos	Jóvenes		
P. Brucelosis					
P. Tuberculina					
P. Mastitis					

 **inTar** Ganadera

Resumen Mensual Septiembre
(Producción y Eventos)

Venta	Producción Total (L)	Nº Días	Producción Prom./Día	Nº Prom.Vacas Ord./Día	Producciones Vaca/Ord./Día
Leche					

Venta de Carne	Nº Animales	Kg Totales	Precio Venta	Total Ingreso
Reproductores (Descarte)				
Hembras (Descarte)				
Novillos				
Novillas				
Terneros(as) Destetados				
Terneros(as) Lactantes				
Total General				

Evento	Total
Partos	

Evento	Nº Machos	Nº Hembras	Total
Nacimientos			

Evento	Inseminación Artificial Nº	Monta Natural Nº	Total
Servicios			

Evento	Reproductores	Hembras	Novillos Novillas	Terneros(as) Destetados	Terneros(as) Lactantes	Total
Muertes						

Comentarios: _____
_____
_____
_____
_____
_____

1 de Octubre

Nº de Vacas en producción	
2 Ordeños	En secado

Producción de Leche		
am.	pm.	Total

Potrero en ocupación		
Identificación	Especie	Día de ocup.

Partos

Identificación Hembra	Condición Corporal	Cría			Observaciones
		Sexo	Indentificación	Peso	

Servicios

Identificación Hembra	Identificación Reproductor	Técnico Inseminador

Identificación Hembra	Identificación Reproductor	Técnico Inseminador

Secados - Destetes

Identificación Hembra	Cría		
	Sexo	Indentficación	Peso

Identificación Hembra	Cría		
	Sexo	Indentficación	Peso

Muertes

Jóvenes			
Identificación	Sexo	Identificación	Sexo

Jóvenes			
Identificación	Sexo	Identificación	Sexo

Comentarios: _____

ᗡ **INTA** Ganadera

2 de Octubre

Nº de Vacas en producción	
2 Ordeños	En secado

Producción de Leche		
am.	pm.	Total

Potrero en ocupación		
Identificación	Especie	Día de ocup.

Partos

Identificación Hembra	Condición Corporal	Cría			Observaciones
		Sexo	Indentificación	Peso	

Servicios

Identificación Hembra	Identificación Reproductor	Técnico Inseminador

Identificación Hembra	Identificación Reproductor	Técnico Inseminador

Secados - Destetes

Identificación Hembra	Cría		
	Sexo	Indentficación	Peso

Identificación Hembra	Cría		
	Sexo	Indentficación	Peso

Muertes

Jóvenes			
Identificación	Sexo	Identificación	Sexo

Jóvenes			
Identificación	Sexo	Identificación	Sexo

Comentarios: _____
_____
_____

3 de Octubre

Nº de Vacas en producción	
2 Ordeños	En secado

Producción de Leche		
am.	pm.	Total

Potrero en ocupación		
Identificación	Especie	Día de ocup.

Partos

Identificación Hembra	Condición Corporal	Cría			Observaciones
		Sexo	Indentificación	Peso	

Servicios

Identificación Hembra	Identificación Reproductor	Técnico Inseminador	Identificación Hembra	Identificación Reproductor	Técnico Inseminador

Secados - Destetes

Identificación Hembra	Cría			Identificación Hembra	Cría		
	Sexo	Indentficación	Peso		Sexo	Indentficación	Peso

Muertes

Jóvenes				Jóvenes			
Identificación	Sexo	Identificación	Sexo	Identificación	Sexo	Identificación	Sexo

Comentarios: _____

_____

_____

 Ganadera

4 de Octubre

Nº de Vacas en producción	
2 Ordeños	En secado

Producción de Leche		
am.	pm.	Total

Potrero en ocupación		
Identificación	Especie	Día de ocup.

Partos

Identificación Hembra	Condición Corporal	Cría			Observaciones
		Sexo	Indentificación	Peso	

Servicios

Identificación Hembra	Identificación Reproductor	Técnico Inseminador	Identificación Hembra	Identificación Reproductor	Técnico Inseminador

Secados - Destetes

Identificación Hembra	Cría			Identificación Hembra	Cría		
	Sexo	Indentficación	Peso		Sexo	Indentficación	Peso

Muertes

Jóvenes				Jóvenes			
Identificación	Sexo	Identificación	Sexo	Identificación	Sexo	Identificación	Sexo

Comentarios: _____
_____
_____

5 ^{de} Octubre

Nº de Vacas en producción	
2 Ordeños	En secado

Producción de Leche

am.	pm.	Total

Potrero en ocupación

Identificación	Especie	Día de ocup.

Partos

Identificación Hembra	Condición Corporal	Cría			Observaciones
		Sexo	Indentificación	Peso	

Servicios

Identificación Hembra	Identificación Reproductor	Técnico Inseminador	Identificación Hembra	Identificación Reproductor	Técnico Inseminador

Secados - Destetes

Identificación Hembra	Cría			Identificación Hembra	Cría		
	Sexo	Indentficación	Peso		Sexo	Indentficación	Peso

Muertes

Jóvenes				Jóvenes			
Identificación	Sexo	Identificación	Sexo	Identificación	Sexo	Identificación	Sexo

Comentarios: _____

_____

_____

INTAR Ganadera

6 de Octubre

N° de Vacas en producción	
2 Ordeños	En secado

Producción de Leche		
am.	pm.	Total

Potrero en ocupación		
Identificación	Especie	Día de ocup.

Partos

Identificación Hembra	Condición Corporal	Cría			Observaciones
		Sexo	Indentificación	Peso	

Servicios

Identificación Hembra	Identificación Reproductor	Técnico Inseminador

Identificación Hembra	Identificación Reproductor	Técnico Inseminador

Secados - Destetes

Identificación Hembra	Cría		
	Sexo	Indentficación	Peso

Identificación Hembra	Cría		
	Sexo	Indentficación	Peso

Muertes

Jóvenes			
Identificación	Sexo	Identificación	Sexo

Jóvenes			
Identificación	Sexo	Identificación	Sexo

Comentarios: _____

_____

_____

7 de Octubre

Nº de Vacas en producción	
2 Ordeños	En secado

Producción de Leche			
am.	pm.		Total

Potrero en ocupación		
Identificación	Especie	Día de ocup.

Partos

Identificación Hembra	Condición Corporal	Cría			Observaciones
		Sexo	Indentificación	Peso	

Servicios

Identificación Hembra	Identificación Reproductor	Técnico Inseminador

Identificación Hembra	Identificación Reproductor	Técnico Inseminador

Secados - Destetes

Identificación Hembra	Cría		
	Sexo	Indentficación	Peso

Identificación Hembra	Cría		
	Sexo	Indentficación	Peso

Muertes

Jóvenes			
Identificación	Sexo	Identificación	Sexo

Jóvenes			
Identificación	Sexo	Identificación	Sexo

Comentarios: _____

_____

_____

♉ **intar** Ganadera

8 de Octubre

Nº de Vacas en producción	
2 Ordeños	En secado

Producción de Leche		
am.	pm.	Total

Potrero en ocupación		
Identificación	Especie	Día de ocup.

Partos

Identificación Hembra	Condición Corporal	Cría			Observaciones
		Sexo	Indentificación	Peso	

Servicios

Identificación Hembra	Identificación Reproductor	Técnico Inseminador

Identificación Hembra	Identificación Reproductor	Técnico Inseminador

Secados - Destetes

Identificación Hembra	Cría		
	Sexo	Indentficación	Peso

Identificación Hembra	Cría		
	Sexo	Indentficación	Peso

Muertes

Jóvenes			
Identificación	Sexo	Identificación	Sexo

Jóvenes			
Identificación	Sexo	Identificación	Sexo

Comentarios: _____

_____

_____

9 ^{de} Octubre

N° de Vacas en producción	
2 Ordeños	En secado

Producción de Leche		
am.	pm.	Total

Potrero en ocupación		
Identificación	Especie	Día de ocup.

Partos

Identificación Hembra	Condición Corporal	Cría			Observaciones
		Sexo	Indentificación	Peso	

Servicios

Identificación Hembra	Identificación Reproductor	Técnico Inseminador

Identificación Hembra	Identificación Reproductor	Técnico Inseminador

Secados - Destetes

Identificación Hembra	Cría		
	Sexo	Indentficación	Peso

Identificación Hembra	Cría		
	Sexo	Indentficación	Peso

Muertes

Jóvenes			
Identificación	Sexo	Identificación	Sexo

Jóvenes			
Identificación	Sexo	Identificación	Sexo

Comentarios: _____

_____

_____

 **intar** Ganadera

10 de Octubre

Nº de Vacas en producción	
2 Ordeños	En secado

Producción de Leche				Potrero en ocupación		
am.	pm.	Total		Identificación	Especie	Día de ocup.

Partos

Identificación Hembra	Condición Corporal	Cría			Observaciones
		Sexo	Indentificación	Peso	

Servicios

Identificación Hembra	Identificación Reproductor	Técnico Inseminador	Identificación Hembra	Identificación Reproductor	Técnico Inseminador

Secados - Destetes

Identificación Hembra	Cría			Identificación Hembra	Cría		
	Sexo	Indentficación	Peso		Sexo	Indentficación	Peso

Muertes

Jóvenes				Jóvenes			
Identificación	Sexo	Identificación	Sexo	Identificación	Sexo	Identificación	Sexo

Comentarios: _____

_____

_____

11 de Octubre

N° de Vacas en producción	
2 Ordeños	En secado

Producción de Leche		
am.	pm.	Total

Potrero en ocupación		
Identificación	Especie	Día de ocup.

Partos

Identificación Hembra	Condición Corporal	Cría			Observaciones
		Sexo	Indentificación	Peso	

Servicios

Identificación Hembra	Identificación Reproductor	Técnico Inseminador

Identificación Hembra	Identificación Reproductor	Técnico Inseminador

Secados - Destetes

Identificación Hembra	Cría		
	Sexo	Indentficación	Peso

Identificación Hembra	Cría		
	Sexo	Indentficación	Peso

Muertes

Jóvenes			
Identificación	Sexo	Identificación	Sexo

Jóvenes			
Identificación	Sexo	Identificación	Sexo

Comentarios: _____
_____
_____

ʊ Intar Ganadera

12 de Octubre

Nº de Vacas en producción	
2 Ordeños	En secado

Producción de Leche		
am.	pm.	Total

Potrero en ocupación		
Identificación	Especie	Día de ocup.

Partos

Identificación Hembra	Condición Corporal	Cría			Observaciones
		Sexo	Indentificación	Peso	

Servicios

Identificación Hembra	Identificación Reproductor	Técnico Inseminador

Identificación Hembra	Identificación Reproductor	Técnico Inseminador

Secados - Destetes

Identificación Hembra	Cría		
	Sexo	Indentficación	Peso

Identificación Hembra	Cría		
	Sexo	Indentficación	Peso

Muertes

Jóvenes			
Identificación	Sexo	Identificación	Sexo

Jóvenes			
Identificación	Sexo	Identificación	Sexo

Comentarios: _____

_____

_____

13 ^{de} Octubre

Nº de Vacas en producción	
2 Ordeños	En secado

Producción de Leche		
am.	pm.	Total

Potrero en ocupación		
Identificación	Especie	Día de ocup.

Partos

Identificación Hembra	Condición Corporal	Cría			Observaciones
		Sexo	Indentificación	Peso	

Servicios

Identificación Hembra	Identificación Reproductor	Técnico Inseminador

Identificación Hembra	Identificación Reproductor	Técnico Inseminador

Secados - Destetes

Identificación Hembra	Cría		
	Sexo	Indentficación	Peso

Identificación Hembra	Cría		
	Sexo	Indentficación	Peso

Muertes

Jóvenes			
Identificación	Sexo	Identificación	Sexo

Jóvenes			
Identificación	Sexo	Identificación	Sexo

Comentarios: _____

_____

_____

14 de Octubre

Nº de Vacas en producción	
2 Ordeños	En secado

Producción de Leche		
am.	pm.	Total

Potrero en ocupación		
Identificación	Especie	Día de ocup.

Partos

Identificación Hembra	Condición Corporal	Cría			Observaciones
		Sexo	Indentificación	Peso	

Servicios

Identificación Hembra	Identificación Reproductor	Técnico Inseminador

Identificación Hembra	Identificación Reproductor	Técnico Inseminador

Secados - Destetes

Identificación Hembra	Cría		
	Sexo	Indentficación	Peso

Identificación Hembra	Cría		
	Sexo	Indentficación	Peso

Muertes

Jóvenes			
Identificación	Sexo	Identificación	Sexo

Jóvenes			
Identificación	Sexo	Identificación	Sexo

Comentarios: _____

_____

_____

Intar Ganadera

15 ^{de} Octubre

N° de Vacas en producción	
2 Ordeños	En secado

Producción de Leche			
am.	pm.	Total	

Potrero en ocupación		
Identificación	Especie	Día de ocup.

Partos

Identificación Hembra	Condición Corporal	Cría			Observaciones
		Sexo	Indentificación	Peso	

Servicios

Identificación Hembra	Identificación Reproductor	Técnico Inseminador	Identificación Hembra	Identificación Reproductor	Técnico Inseminador

Secados - Destetes

Identificación Hembra	Cría			Identificación Hembra	Cría		
	Sexo	Indentficación	Peso		Sexo	Indentficación	Peso

Muertes

Jóvenes				Jóvenes			
Identificación	Sexo	Identificación	Sexo	Identificación	Sexo	Identificación	Sexo

Comentarios: _____

_____

_____

ɣ intɑr Ganadera

16 ^{de} Octubre

Nº de Vacas en producción	
2 Ordeños	En secado

Producción de Leche				Potrero en ocupación		
am.	pm.	Total		Identificación	Especie	Día de ocup.

Partos

Identificación Hembra	Condición Corporal	Cría			Observaciones
		Sexo	Indentificación	Peso	

Servicios

Identificación Hembra	Identificación Reproductor	Técnico Inseminador	Identificación Hembra	Identificación Reproductor	Técnico Inseminador

Secados - Destetes

Identificación Hembra	Cría			Identificación Hembra	Cría		
	Sexo	Indentficación	Peso		Sexo	Indentficación	Peso

Muertes

Jóvenes				Jóvenes			
Identificación	Sexo	Identificación	Sexo	Identificación	Sexo	Identificación	Sexo

Comentarios: _____

_____

_____

17de Octubre

N° de Vacas en producción	
2 Ordeños	En secado

Producción de Leche		
am.	pm.	Total

Potrero en ocupación		
Identificación	Especie	Día de ocup.

Partos

Identificación Hembra	Condición Corporal	Cría			Observaciones
		Sexo	Indentificación	Peso	

Servicios

Identificación Hembra	Identificación Reproductor	Técnico Inseminador

Identificación Hembra	Identificación Reproductor	Técnico Inseminador

Secados - Destetes

Identificación Hembra	Cría		
	Sexo	Indentficación	Peso

Identificación Hembra	Cría		
	Sexo	Indentficación	Peso

Muertes

Jóvenes			
Identificación	Sexo	Identificación	Sexo

Jóvenes			
Identificación	Sexo	Identificación	Sexo

Comentarios: _____

_____

_____

⊽ **intar** Ganadera

18de Octubre

Nº de Vacas en producción	
2 Ordeños	En secado

Producción de Leche		
am.	pm.	Total

Potrero en ocupación		
Identificación	Especie	Día de ocup.

Partos

Identificación Hembra	Condición Corporal	Cría			Observaciones
		Sexo	Indentificación	Peso	

Servicios

Identificación Hembra	Identificación Reproductor	Técnico Inseminador

Identificación Hembra	Identificación Reproductor	Técnico Inseminador

Secados - Destetes

Identificación Hembra	Cría		
	Sexo	Indentficación	Peso

Identificación Hembra	Cría		
	Sexo	Indentficación	Peso

Muertes

Jóvenes			
Identificación	Sexo	Identificación	Sexo

Jóvenes			
Identificación	Sexo	Identificación	Sexo

Comentarios: _____

_____

_____

19 ^{de} Octubre

Nº de Vacas en producción	
2 Ordeños	En secado

Producción de Leche				Potrero en ocupación		
am.	pm.	Total		Identificación	Especie	Día de ocup.

Partos

Identificación Hembra	Condición Corporal	Cría			Observaciones
		Sexo	Indentificación	Peso	

Servicios

Identificación Hembra	Identificación Reproductor	Técnico Inseminador		Identificación Hembra	Identificación Reproductor	Técnico Inseminador

Secados - Destetes

Identificación Hembra	Cría				Identificación Hembra	Cría		
	Sexo	Indentficación	Peso			Sexo	Indentficación	Peso

Muertes

Jóvenes				Jóvenes			
Identificación	Sexo	Identificación	Sexo	Identificación	Sexo	Identificación	Sexo

Comentarios: _____
_____
_____

ᗐ intar Ganadera

20 de Octubre

N° de Vacas en producción	
2 Ordeños	En secado

Producción de Leche		
am.	pm.	Total

Potrero en ocupación		
Identificación	Especie	Día de ocup.

Partos

Identificación Hembra	Condición Corporal	Cría			Observaciones
		Sexo	Indentificación	Peso	

Servicios

Identificación Hembra	Identificación Reproductor	Técnico Inseminador

Identificación Hembra	Identificación Reproductor	Técnico Inseminador

Secados - Destetes

Identificación Hembra	Cría		
	Sexo	Indentficación	Peso

Identificación Hembra	Cría		
	Sexo	Indentficación	Peso

Muertes

Jóvenes			
Identificación	Sexo	Identificación	Sexo

Jóvenes			
Identificación	Sexo	Identificación	Sexo

Comentarios: _____

_____

_____

21 de Octubre

Nº de Vacas en producción	
2 Ordeños	En secado

Producción de Leche		
am.	pm.	Total

Potrero en ocupación		
Identificación	Especie	Día de ocup.

Partos

Identificación Hembra	Condición Corporal	Cría			Observaciones
		Sexo	Indentificación	Peso	
				.	

Servicios

Identificación Hembra	Identificación Reproductor	Técnico Inseminador	Identificación Hembra	Identificación Reproductor	Técnico Inseminador

Secados - Destetes

Identificación Hembra	Cría			Identificación Hembra	Cría		
	Sexo	Indentficación	Peso		Sexo	Indentficación	Peso

Muertes

Jóvenes				Jóvenes			
Identificación	Sexo	Identificación	Sexo	Identificación	Sexo	Identificación	Sexo

Comentarios: _____

_____

_____

ᛦ**inTar** Ganadera

22 de Octubre

Nº de Vacas en producción	
2 Ordeños	En secado

Producción de Leche		
am.	pm.	Total

Potrero en ocupación		
Identificación	Especie	Día de ocup.

Partos

Identificación Hembra	Condición Corporal	Cria			Observaciones
		Sexo	Indentificación	Peso	

Servicios

Identificación Hembra	Identificación Reproductor	Técnico Inseminador	Identificación Hembra	Identificación Reproductor	Técnico Inseminador

Secados - Destetes

Identificación Hembra	Cría			Identificación Hembra	Cría		
	Sexo	Indentficación	Peso		Sexo	Indentficación	Peso

Muertes

Jóvenes				Jóvenes			
Identificación	Sexo	Identificación	Sexo	Identificación	Sexo	Identificación	Sexo

Comentarios: _____

_____

_____

23 de Octubre

Nº de Vacas en producción	
2 Ordeños	En secado

Producción de Leche		
am.	pm.	Total

Potrero en ocupación		
Identificación	Especie	Día de ocup.

Partos

Identificación Hembra	Condición Corporal	Cría			Observaciones
		Sexo	Indentificación	Peso	

Servicios

Identificación Hembra	Identificación Reproductor	Técnico Inseminador

Identificación Hembra	Identificación Reproductor	Técnico Inseminador

Secados - Destetes

Identificación Hembra	Cría		
	Sexo	Indentficación	Peso

Identificación Hembra	Cría		
	Sexo	Indentficación	Peso

Muertes

Jóvenes			
Identificación	Sexo	Identificación	Sexo

Jóvenes			
Identificación	Sexo	Identificación	Sexo

Comentarios: ____________________

____

____

24 ^{de} Octubre

Nº de Vacas en producción	
2 Ordeños	En secado

Producción de Leche		
am.	pm.	Total

Potrero en ocupación		
Identificación	Especie	Día de ocup.

Partos

Identificación Hembra	Condición Corporal	Cría			Observaciones
		Sexo	Indentificación	Peso	

Servicios

Identificación Hembra	Identificación Reproductor	Técnico Inseminador	Identificación Hembra	Identificación Reproductor	Técnico Inseminador

Secados - Destetes

Identificación Hembra	Cría			Identificación Hembra	Cría		
	Sexo	Indentficación	Peso		Sexo	Indentficación	Peso

Muertes

Jóvenes				Jóvenes			
Identificación	Sexo	Identificación	Sexo	Identificación	Sexo	Identificación	Sexo

Comentarios: _____

_____

_____

25 de Octubre

Nº de Vacas en producción	
2 Ordeños	En secado

Producción de Leche		
am.	pm.	Total

Potrero en ocupación		
Identificación	Especie	Día de ocup.

Partos

Identificación Hembra	Condición Corporal	Cría			Observaciones
		Sexo	Indentificación	Peso	

Servicios

Identificación Hembra	Identificación Reproductor	Técnico Inseminador	Identificación Hembra	Identificación Reproductor	Técnico Inseminador

Secados - Destetes

Identificación Hembra	Cría			Identificación Hembra	Cría		
	Sexo	Indentficación	Peso		Sexo	Indentficación	Peso

Muertes

Jóvenes				Jóvenes			
Identificación	Sexo	Identificación	Sexo	Identificación	Sexo	Identificación	Sexo

Comentarios: _____
_____
_____

Ʊ intar Ganadera

26 ^{de} Octubre

Nº de Vacas en producción	
2 Ordeños	En secado

Producción de Leche		
am.	pm.	Total

Potrero en ocupación		
Identificación	Especie	Día de ocup.

Partos

Identificación Hembra	Condición Corporal	Cría			Observaciones
		Sexo	Indentificación	Peso	

Servicios

Identificación Hembra	Identificación Reproductor	Técnico Inseminador

Identificación Hembra	Identificación Reproductor	Técnico Inseminador

Secados - Destetes

Identificación Hembra	Cría		
	Sexo	Indentficación	Peso

Identificación Hembra	Cría		
	Sexo	Indentficación	Peso

Muertes

Jóvenes			
Identificación	Sexo	Identificación	Sexo

Jóvenes			
Identificación	Sexo	Identificación	Sexo

Comentarios: _____

_____

_____

27^{de}Octubre

Nº de Vacas en producción	
2 Ordeños	En secado

Producción de Leche		
am.	pm.	Total

Potrero en ocupación		
Identificación	Especie	Día de ocup.

Partos

Identificación Hembra	Condición Corporal	Cría			Observaciones
		Sexo	Indentificación	Peso	

Servicios

Identificación Hembra	Identificación Reproductor	Técnico Inseminador

Identificación Hembra	Identificación Reproductor	Técnico Inseminador

Secados - Destetes

Identificación Hembra	Cría		
	Sexo	Indentficación	Peso

Identificación Hembra	Cría		
	Sexo	Indentficación	Peso

Muertes

Jóvenes			
Identificación	Sexo	Identificación	Sexo

Jóvenes			
Identificación	Sexo	Identificación	Sexo

Comentarios: _____
_____
_____

28 de Octubre

Nº de Vacas en producción	
2 Ordeños	En secado

Producción de Leche				Potrero en ocupación		
am.	pm.	Total		Identificación	Especie	Día de ocup.

Partos

Identificación Hembra	Condición Corporal	Cría			Observaciones
		Sexo	Indentificación	Peso	

Servicios

Identificación Hembra	Identificación Reproductor	Técnico Inseminador	Identificación Hembra	Identificación Reproductor	Técnico Inseminador

Secados - Destetes

Identificación Hembra	Cría			Identificación Hembra	Cría		
	Sexo	Indentficación	Peso		Sexo	Indentficación	Peso

Muertes

Jóvenes				Jóvenes			
Identificación	Sexo	Identificación	Sexo	Identificación	Sexo	Identificación	Sexo

Comentarios: _____

_____

_____

29 de **Octubre**

Intar Ganadera

Nº de Vacas en producción	
2 Ordeños	En secado

Producción de Leche		
am.	pm.	Total

Potrero en ocupación		
Identificación	Especie	Día de ocup.

Partos

Identificación Hembra	Condición Corporal	Cría			Observaciones
		Sexo	Indentificación	Peso	

Servicios

Identificación Hembra	Identificación Reproductor	Técnico Inseminador

Identificación Hembra	Identificación Reproductor	Técnico Inseminador

Secados - Destetes

Identificación Hembra	Cría		
	Sexo	Indentficación	Peso

Identificación Hembra	Cría		
	Sexo	Indentficación	Peso

Muertes

Jóvenes			
Identificación	Sexo	Identificación	Sexo

Jóvenes			
Identificación	Sexo	Identificación	Sexo

Comentarios: _____

ᴗ ɪnᴛɑr Ganadera

30 de Octubre

Nº de Vacas en producción	
2 Ordeños	En secado

Producción de Leche		
am.	pm.	Total

Potrero en ocupación		
Identificación	Especie	Día de ocup.

Partos

Identificación Hembra	Condición Corporal	Cría			Observaciones
		Sexo	Indentificación	Peso	

Servicios

Identificación Hembra	Identificación Reproductor	Técnico Inseminador

Identificación Hembra	Identificación Reproductor	Técnico Inseminador

Secados - Destetes

Identificación Hembra	Cría		
	Sexo	Indentficación	Peso

Identificación Hembra	Cría		
	Sexo	Indentficación	Peso

Muertes

Jóvenes			
Identificación	Sexo	Identificación	Sexo

Jóvenes			
Identificación	Sexo	Identificación	Sexo

Comentarios: _____

_____

_____

31 ^{de} Octubre

Nº de Vacas en producción	
2 Ordeños	En secado

Producción de Leche			
am.	pm.	Total	

Potrero en ocupación		
Identificación	Especie	Día de ocup.

Partos

Identificación Hembra	Condición Corporal	Cría			Observaciones
		Sexo	Indentificación	Peso	

Servicios

Identificación Hembra	Identificación Reproductor	Técnico Inseminador

Identificación Hembra	Identificación Reproductor	Técnico Inseminador

Secados - Destetes

Identificación Hembra	Cría		
	Sexo	Indentficación	Peso

Identificación Hembra	Cría		
	Sexo	Indentficación	Peso

Muertes

Jóvenes			
Identificación	Sexo	Identificación	Sexo

Jóvenes			
Identificación	Sexo	Identificación	Sexo

Comentarios: _____

_____

_____

INTAR Ganadera

Resumen de Eventos Diarios

(Registro Cuantitativo Octubre)

Día	Hembras Paridas	Nacimientos		Hembras Secadas	Terneros destetados		Mortalidad Adultos	Mortalidad jóvenes		Ventas	Compras
		M	H		M	H		M	H		
1											
2											
3											
4											
5											
6											
7											
8											
9											
10											
11											
12											
13											
14											
15											
16											
17											
18											
19											
20											
21											
22											
23											
24											
25											
26											
27											
28											
29											
30											
31											
To-tal											

Control Mensual del Rebaño

Octubre

	Reproductores	Hembras Prod.	Hembras Secas	Novillos	Novillas	Terneros Destetados	Terneras Destetadas	Terneros lactantes H	Terneros lactantes M	Total Cabezas	Total U.A.
Existencia Anterior											
Nacimientos											
Compras											
Mortalidad											
Ventas											
Cambio de Estado											
Balance											

Control de Prácticas Sanitarias

Octubre

intar Ganadera

Vacunas

Vacunas	Fecha	Nº Dosis				Fecha Vacunación	Laboratorio	Lote Nº	Fecha Vencimiento de la Vacuna
		Adultos	Jóvenes						
			M	H					
Fiebre Aftosa									
Estomatitis Vesicular									
Brucelosis									
Clostridiales									
Leptospirosis									

Control Parasitario

Control Parasitario	Fecha	Dosis		Via Administración	Fecha de Repetición
		Adultos	Jóvenes		
Endoparasitos					
Ectoparasitos					
Agentes Hemotropicos					

Pruebas Diagnosticas

Pruebas Diagnosticas	Fecha	Nº de Pruebas		Nº de Reacciones Positivas	Fecha de Repetición de la prueba
		Adultos	Jóvenes		
P. Brucelosis					
P. Tuberculina					
P. Mastitis					

Resumen Mensual Octubre
(Producción y Eventos)

Venta	Producción Total (L)	N° Días	Producción Prom./Día	N° Prom.Vacas Ord./Día	Producciones Vaca/Ord./Día
Leche					

Venta de Carne	N° Animales	Kg Totales	Precio Venta	Total Ingreso
Reproductores (Descarte)				
Hembras (Descarte)				
Novillos				
Novillas				
Terneros(as) Destetados				
Terneros(as) Lactantes				
Total General				

Evento	Total
Partos	

Evento	N° Machos	N° Hembras	Total
Nacimientos			

Evento	Inseminación Artificial N°	Monta Natural N°	Total
Servicios			

Evento	Reproductores	Hembras	Novillos Novillas	Terneros(as) Destetados	Terneros(as) Lactantes	Total
Muertes						

Comentarios: _____

_____

_____

_____

_____

_____

 **inTar** Ganadera

1 ^{de} Noviembre

N° de Vacas en producción	
2 Ordeños	En secado

Producción de Leche			
am.	pm.	Total

Potrero en ocupación		
Identificación	Especie	Día de ocup.

Partos

Identificación Hembra	Condición Corporal	Cría			Observaciones
		Sexo	Indentificación	Peso	

Servicios

Identificación Hembra	Identificación Reproductor	Técnico Inseminador

Identificación Hembra	Identificación Reproductor	Técnico Inseminador

Secados - Destetes

Identificación Hembra	Cría		
	Sexo	Indentficación	Peso

Identificación Hembra	Cría		
	Sexo	Indentficación	Peso

Muertes

Jóvenes			
Identificación	Sexo	Identificación	Sexo

Jóvenes			
Identificación	Sexo	Identificación	Sexo

Comentarios: _____

_____

_____

ᔐintar Ganadera

2 de Noviembre

Nº de Vacas en producción	
2 Ordeños	En secado

Producción de Leche		
am.	pm.	Total

Potrero en ocupación		
Identificación	Especie	Día de ocup.

Partos

Identificación Hembra	Condición Corporal	Cría			Observaciones
		Sexo	Indentificación	Peso	

Servicios

Identificación Hembra	Identificación Reproductor	Técnico Inseminador	Identificación Hembra	Identificación Reproductor	Técnico Inseminador

Secados - Destetes

Identificación Hembra	Cría			Identificación Hembra	Cría		
	Sexo	Indentficación	Peso		Sexo	Indentficación	Peso

Muertes

Jóvenes				Jóvenes			
Identificación	Sexo	Identificación	Sexo	Identificación	Sexo	Identificación	Sexo

Comentarios: _____

ᗡ inTar Ganadera

3 de Noviembre

N° de Vacas en producción	
2 Ordeños	En secado

Producción de Leche		
am.	pm.	Total

Potrero en ocupación		
Identificación	Especie	Día de ocup.

Partos

Identificación Hembra	Condición Corporal	Cría			Observaciones
		Sexo	Indentificación	Peso	

Servicios

Identificación Hembra	Identificación Reproductor	Técnico Inseminador

Identificación Hembra	Identificación Reproductor	Técnico Inseminador

Secados - Destetes

Identificación Hembra	Cría		
	Sexo	Indentficación	Peso

Identificación Hembra	Cría		
	Sexo	Indentficación	Peso

Muertes

Jóvenes			
Identificación	Sexo	Identificación	Sexo

Jóvenes			
Identificación	Sexo	Identificación	Sexo

Comentarios: _____

_____

_____

 **intar** Ganadera

4de Noviembre

Nº de Vacas en producción	
2 Ordeños	En secado

Producción de Leche		
am.	pm.	Total

Potrero en ocupación		
Identificación	Especie	Día de ocup.

Partos

Identificación Hembra	Condición Corporal	Cría			Observaciones
		Sexo	Indentficación	Peso	

Servicios

Identificación Hembra	Identificación Reproductor	Técnico Inseminador

Identificación Hembra	Identificación Reproductor	Técnico Inseminador

Secados - Destetes

Identificación Hembra	Cría		
	Sexo	Indentficación	Peso

Identificación Hembra	Cría		
	Sexo	Indentficación	Peso

Muertes

Jóvenes			
Identificación	Sexo	Identificación	Sexo

Jóvenes			
Identificación	Sexo	Identificación	Sexo

Comentarios: _____

_____

_____

 **intar** Ganadera

5 ^{de} Noviembre

Nº de Vacas en producción	
2 Ordeños	En secado

Producción de Leche				Potrero en ocupación		
am.	pm.	Total		Identificación	Especie	Día de ocup.

Partos

Identificación Hembra	Condición Corporal	Cría			Observaciones
		Sexo	Indentificación	Peso	

Servicios

Identificación Hembra	Identificación Reproductor	Técnico Inseminador	Identificación Hembra	Identificación Reproductor	Técnico Inseminador

Secados - Destetes

Identificación Hembra	Cría			Identificación Hembra	Cría		
	Sexo	Indentficación	Peso		Sexo	Indentficación	Peso

Muertes

Jóvenes				Jóvenes			
Identificación	Sexo	Identificación	Sexo	Identificación	Sexo	Identificación	Sexo

Comentarios: _____

_____

_____

6 de Noviembre

Nº de Vacas en producción	
2 Ordeños	En secado

Producción de Leche		
am.	pm.	Total

Potrero en ocupación		
Identificación	Especie	Día de ocup.

Partos

Identificación Hembra	Condición Corporal	Cría			Observaciones
		Sexo	Indentificación	Peso	

Servicios

Identificación Hembra	Identificación Reproductor	Técnico Inseminador

Identificación Hembra	Identificación Reproductor	Técnico Inseminador

Secados - Destetes

Identificación Hembra	Cría		
	Sexo	Indentficación	Peso

Identificación Hembra	Cría		
	Sexo	Indentficación	Peso

Muertes

Jóvenes			
Identificación	Sexo	Identificación	Sexo

Jóvenes			
Identificación	Sexo	Identificación	Sexo

Comentarios: _____

_____

_____

 **Intar** Ganadera

7 de Noviembre

N° de Vacas en producción	
2 Ordeños	En secado

Producción de Leche			
am.	pm.	Total	

Potrero en ocupación		
Identificación	Especie	Día de ocup.

Partos

Identificación Hembra	Condición Corporal	Cría			Observaciones
		Sexo	Indentificación	Peso	

Servicios

Identificación Hembra	Identificación Reproductor	Técnico Inseminador

Identificación Hembra	Identificación Reproductor	Técnico Inseminador

Secados - Destetes

Identificación Hembra	Cría		
	Sexo	Indentficación	Peso

Identificación Hembra	Cría		
	Sexo	Indentficación	Peso

Muertes

Jóvenes			
Identificación	Sexo	Identificación	Sexo

Jóvenes			
Identificación	Sexo	Identificación	Sexo

Comentarios: _____

_____

_____

ᐎ intar Ganadera

8 de Noviembre

Nº de Vacas en producción	
2 Ordeños	En secado

Producción de Leche		
am.	pm.	Total

Potrero en ocupación		
Identificación	Especie	Día de ocup.

Partos

Identificación Hembra	Condición Corporal	Cría			Observaciones
		Sexo	Indentificación	Peso	

Servicios

Identificación Hembra	Identificación Reproductor	Técnico Inseminador	Identificación Hembra	Identificación Reproductor	Técnico Inseminador

Secados - Destetes

Identificación Hembra	Cría			Identificación Hembra	Cría		
	Sexo	Indentficación	Peso		Sexo	Indentficación	Peso

Muertes

Jóvenes				Jóvenes			
Identificación	Sexo	Identificación	Sexo	Identificación	Sexo	Identificación	Sexo

Comentarios: _____

_____

_____

ᑌ **Intar** Ganadera

9 de Noviembre

Nº de Vacas en producción	
2 Ordeños	En secado

Producción de Leche		
am.	pm.	Total

Potrero en ocupación		
Identificación	Especie	Día de ocup.

Partos

Identificación Hembra	Condición Corporal	Cría			Observaciones
		Sexo	Indentificación	Peso	

Servicios

Identificación Hembra	Identificación Reproductor	Técnico Inseminador

Identificación Hembra	Identificación Reproductor	Técnico Inseminador

Secados - Destetes

Identificación Hembra	Cría		
	Sexo	Indentficación	Peso

Identificación Hembra	Cría		
	Sexo	Indentficación	Peso

Muertes

Jóvenes			
Identificación	Sexo	Identificación	Sexo

Jóvenes			
Identificación	Sexo	Identificación	Sexo

Comentarios: _____

_____

_____

10de Noviembre

N° de Vacas en producción	
2 Ordeños	En secado

Producción de Leche		
am.	pm.	Total

Potrero en ocupación		
Identificación	Especie	Día de ocup.

Partos

Identificación Hembra	Condición Corporal	Cría			Observaciones
		Sexo	Indentificación	Peso	

Servicios

Identificación Hembra	Identificación Reproductor	Técnico Inseminador	Identificación Hembra	Identificación Reproductor	Técnico Inseminador

Secados - Destetes

Identificación Hembra	Cría			Identificación Hembra	Cría		
	Sexo	Indentficación	Peso		Sexo	Indentficación	Peso

Muertes

Jóvenes				Jóvenes			
Identificación	Sexo	Identificación	Sexo	Identificación	Sexo	Identificación	Sexo

Comentarios: _____

_____

_____

ᘛINTA Ganadera

11 de Noviembre

Nº de Vacas en producción	
2 Ordeños	En secado

Producción de Leche		
am.	pm.	Total

Potrero en ocupación		
Identificación	Especie	Día de ocup.

Partos

Identificación Hembra	Condición Corporal	Cría			Observaciones
		Sexo	Indentificación	Peso	

Servicios

Identificación Hembra	Identificación Reproductor	Técnico Inseminador	Identificación Hembra	Identificación Reproductor	Técnico Inseminador

Secados - Destetes

Identificación Hembra	Cría			Identificación Hembra	Cría		
	Sexo	Indentficación	Peso		Sexo	Indentficación	Peso

Muertes

Jóvenes				Jóvenes			
Identificación	Sexo	Identificación	Sexo	Identificación	Sexo	Identificación	Sexo

Comentarios: _____

_____

_____

12 de Noviembre

Nº de Vacas en producción	
2 Ordeños	En secado

Producción de Leche			
am.	pm.	Total

Potrero en ocupación		
Identificación	Especie	Día de ocup.

Partos

Identificación Hembra	Condición Corporal	Cría			Observaciones
		Sexo	Indentificación	Peso	

Servicios

Identificación Hembra	Identificación Reproductor	Técnico Inseminador

Identificación Hembra	Identificación Reproductor	Técnico Inseminador

Secados - Destetes

Identificación Hembra	Cría		
	Sexo	Indentficación	Peso

Identificación Hembra	Cría		
	Sexo	Indentficación	Peso

Muertes

Jóvenes			
Identificación	Sexo	Identificación	Sexo

Jóvenes			
Identificación	Sexo	Identificación	Sexo

Comentarios: _____

_____

_____

∀ INTA Ganadera

13 de Noviembre

Nº de Vacas en producción	
2 Ordeños	En secado

Producción de Leche		
am.	pm.	Total

Potrero en ocupación		
Identificación	Especie	Día de ocup.

Partos

Identificación Hembra	Condición Corporal	Cría			Observaciones
		Sexo	Indentificación	Peso	

Servicios

Identificación Hembra	Identificación Reproductor	Técnico Inseminador

Identificación Hembra	Identificación Reproductor	Técnico Inseminador

Secados - Destetes

Identificación Hembra	Cría		
	Sexo	Indentficación	Peso

Identificación Hembra	Cría		
	Sexo	Indentficación	Peso

Muertes

Jóvenes			
Identificación	Sexo	Identificación	Sexo

Jóvenes			
Identificación	Sexo	Identificación	Sexo

Comentarios: _____

_____

_____

ᛦ ɪntar Ganadera

14 de Noviembre

Nº de Vacas en producción	
2 Ordeños	En secado

Producción de Leche		
am.	pm.	Total

Potrero en ocupación		
Identificación	Especie	Día de ocup.

Partos

Identificación Hembra	Condición Corporal	Cría			Observaciones
		Sexo	Indentificación	Peso	

Servicios

Identificación Hembra	Identificación Reproductor	Técnico Inseminador

Identificación Hembra	Identificación Reproductor	Técnico Inseminador

Secados - Destetes

Identificación Hembra	Cría		
	Sexo	Indentficación	Peso

Identificación Hembra	Cría		
	Sexo	Indentficación	Peso

Muertes

Jóvenes			
Identificación	Sexo	Identificación	Sexo

Jóvenes			
Identificación	Sexo	Identificación	Sexo

Comentarios: _____

ᗑ inTɑr Ganadera

15 de Noviembre

Nº de Vacas en producción	
2 Ordeños	En secado

Producción de Leche		
am.	pm.	Total

Potrero en ocupación		
Identificación	Especie	Día de ocup.

Partos

Identificación Hembra	Condición Corporal	Cría			Observaciones
		Sexo	Indentificación	Peso	

Servicios

Identificación Hembra	Identificación Reproductor	Técnico Inseminador

Identificación Hembra	Identificación Reproductor	Técnico Inseminador

Secados - Destetes

Identificación Hembra	Cría		
	Sexo	Indentficación	Peso

Identificación Hembra	Cría		
	Sexo	Indentficación	Peso

Muertes

Jóvenes			
Identificación	Sexo	Identificación	Sexo

Jóvenes			
Identificación	Sexo	Identificación	Sexo

Comentarios: _____
_____
_____

16 de Noviembre

Nº de Vacas en producción	
2 Ordeños	En secado

Producción de Leche		
am.	pm.	Total

Potrero en ocupación		
Identificación	Especie	Día de ocup.

Partos

Identificación Hembra	Condición Corporal	Cría			Observaciones
		Sexo	Indentificación	Peso	

Servicios

Identificación Hembra	Identificación Reproductor	Técnico Inseminador

Identificación Hembra	Identificación Reproductor	Técnico Inseminador

Secados - Destetes

Identificación Hembra	Cría		
	Sexo	Indentficación	Peso

Identificación Hembra	Cría		
	Sexo	Indentficación	Peso

Muertes

Jóvenes			
Identificación	Sexo	Identificación	Sexo

Jóvenes			
Identificación	Sexo	Identificación	Sexo

Comentarios: _____

_____

_____

Intar Ganadera

17 de Noviembre

Nº de Vacas en producción	
2 Ordeños	En secado

Producción de Leche			Potrero en ocupación		
am.	pm.	Total	Identificación	Especie	Día de ocup.

Partos

Identificación Hembra	Condición Corporal	Cría			Observaciones
		Sexo	Indentificación	Peso	

Servicios

Identificación Hembra	Identificación Reproductor	Técnico Inseminador	Identificación Hembra	Identificación Reproductor	Técnico Inseminador

Secados - Destetes

Identificación Hembra	Cría			Identificación Hembra	Cría		
	Sexo	Indentficación	Peso		Sexo	Indentficación	Peso

Muertes

Jóvenes				Jóvenes			
Identificación	Sexo	Identificación	Sexo	Identificación	Sexo	Identificación	Sexo

Comentarios: _____
_____
_____

18 ^{de} Noviembre

Nº de Vacas en producción	
2 Ordeños	En secado

Producción de Leche		
am.	pm.	Total

Potrero en ocupación		
Identificación	Especie	Día de ocup.

Partos

Identificación Hembra	Condición Corporal	Cria			Observaciones
		Sexo	Indentificación	Peso	

Servicios

Identificación Hembra	Identificación Reproductor	Técnico Inseminador

Identificación Hembra	Identificación Reproductor	Técnico Inseminador

Secados - Destetes

Identificación Hembra	Cría		
	Sexo	Indentficación	Peso

Identificación Hembra	Cría		
	Sexo	Indentficación	Peso

Muertes

Jóvenes			
Identificación	Sexo	Identificación	Sexo

Jóvenes			
Identificación	Sexo	Identificación	Sexo

Comentarios: _____

_____

_____

ᛒ ɪnᴛɑr Ganadera

19 de Noviembre

N° de Vacas en producción	
2 Ordeños	En secado

Producción de Leche		
am.	pm.	Total

Potrero en ocupación		
Identificación	Especie	Día de ocup.

Partos

Identificación Hembra	Condición Corporal	Cría			Observaciones
		Sexo	Indentificación	Peso	

Servicios

Identificación Hembra	Identificación Reproductor	Técnico Inseminador

Identificación Hembra	Identificación Reproductor	Técnico Inseminador

Secados - Destetes

Identificación Hembra	Cría		
	Sexo	Indentficación	Peso

Identificación Hembra	Cría		
	Sexo	Indentficación	Peso

Muertes

Jóvenes			
Identificación	Sexo	Identificación	Sexo

Jóvenes			
Identificación	Sexo	Identificación	Sexo

Comentarios: _____

_____

_____

20 de Noviembre

Nº de Vacas en producción	
2 Ordeños	En secado

Producción de Leche			
am.	pm.		Total

Potrero en ocupación		
Identificación	Especie	Día de ocup.

Partos

Identificación Hembra	Condición Corporal	Cría			Observaciones
		Sexo	Indentificación	Peso	

Servicios

Identificación Hembra	Identificación Reproductor	Técnico Inseminador

Identificación Hembra	Identificación Reproductor	Técnico Inseminador

Secados - Destetes

Identificación Hembra	Cría		
	Sexo	Indentficación	Peso

Identificación Hembra	Cría		
	Sexo	Indentficación	Peso

Muertes

Jóvenes			
Identificación	Sexo	Identificación	Sexo

Jóvenes			
Identificación	Sexo	Identificación	Sexo

Comentarios: _____

_____

_____

∀ınTar Ganadera

21 de Noviembre

Nº de Vacas en producción	
2 Ordeños	En secado

Producción de Leche		
am.	pm.	Total

Potrero en ocupación		
Identificación	Especie	Día de ocup.

Partos

Identificación Hembra	Condición Corporal	Cría			Observaciones
		Sexo	Indentificación	Peso	

Servicios

Identificación Hembra	Identificación Reproductor	Técnico Inseminador	Identificación Hembra	Identificación Reproductor	Técnico Inseminador

Secados - Destetes

Identificación Hembra	Cría			Identificación Hembra	Cría		
	Sexo	Indentficación	Peso		Sexo	Indentficación	Peso

Muertes

Jóvenes				Jóvenes			
Identificación	Sexo	Identificación	Sexo	Identificación	Sexo	Identificación	Sexo

Comentarios: _____
_____
_____

22 ^{de} Noviembre

Nº de Vacas en producción	
2 Ordeños	En secado

Producción de Leche		
am.	pm.	Total

Potrero en ocupación		
Identificación	Especie	Día de ocup.

Partos

Identificación Hembra	Condición Corporal	Cría			Observaciones
		Sexo	Indentificación	Peso	

Servicios

Identificación Hembra	Identificación Reproductor	Técnico Inseminador	Identificación Hembra	Identificación Reproductor	Técnico Inseminador

Secados - Destetes

Identificación Hembra	Cría			Identificación Hembra	Cría		
	Sexo	Indentficación	Peso		Sexo	Indentficación	Peso

Muertes

Jóvenes				Jóvenes			
Identificación	Sexo	Identificación	Sexo	Identificación	Sexo	Identificación	Sexo

Comentarios: _____

_____

_____

Uintar Ganadera

23 de Noviembre

N° de Vacas en producción	
2 Ordeños	En secado

Producción de Leche		
am.	pm.	Total

Potrero en ocupación		
Identificación	Especie	Día de ocup.

Partos

Identificación Hembra	Condición Corporal	Cría			Observaciones
		Sexo	Indentificación	Peso	

Servicios

Identificación Hembra	Identificación Reproductor	Técnico Inseminador	Identificación Hembra	Identificación Reproductor	Técnico Inseminador

Secados - Destetes

Identificación Hembra	Cría			Identificación Hembra	Cría		
	Sexo	Indentficación	Peso		Sexo	Indentficación	Peso

Muertes

Jóvenes				Jóvenes			
Identificación	Sexo	Identificación	Sexo	Identificación	Sexo	Identificación	Sexo

Comentarios: _____

_____

_____

24 de Noviembre

N° de Vacas en producción	
2 Ordeños	En secado

Producción de Leche		
am.	pm.	Total

Potrero en ocupación		
Identificación	Especie	Día de ocup.

Partos

Identificación Hembra	Condición Corporal	Cría			Observaciones
		Sexo	Indentificación	Peso	

Servicios

Identificación Hembra	Identificación Reproductor	Técnico Inseminador

Identificación Hembra	Identificación Reproductor	Técnico Inseminador

Secados - Destetes

Identificación Hembra	Cría		
	Sexo	Indentficación	Peso

Identificación Hembra	Cría		
	Sexo	Indentficación	Peso

Muertes

Jóvenes			
Identificación	Sexo	Identificación	Sexo

Jóvenes			
Identificación	Sexo	Identificación	Sexo

Comentarios: _____

_____

_____

ᗡ ınтar Ganadera

25 de Noviembre

Nº de Vacas en producción	
2 Ordeños	En secado

Producción de Leche		
am.	pm.	Total

Potrero en ocupación		
Identificación	Especie	Día de ocup.

Partos

Identificación Hembra	Condición Corporal	Cría			Observaciones
		Sexo	Indentificación	Peso	

Servicios

Identificación Hembra	Identificación Reproductor	Técnico Inseminador

Identificación Hembra	Identificación Reproductor	Técnico Inseminador

Secados - Destetes

Identificación Hembra	Cría		
	Sexo	Indentficación	Peso

Identificación Hembra	Cría		
	Sexo	Indentficación	Peso

Muertes

Jóvenes			
Identificación	Sexo	Identificación	Sexo

Jóvenes			
Identificación	Sexo	Identificación	Sexo

Comentarios: _____

_____

_____

ᵛintar Ganadera

26 de Noviembre

Nº de Vacas en producción	
2 Ordeños	En secado

Producción de Leche			
am.	pm.	Total

Potrero en ocupación		
Identificación	Especie	Día de ocup.

Partos

Identificación Hembra	Condición Corporal	Cría			Observaciones
		Sexo	Indentificación	Peso	

Servicios

Identificación Hembra	Identificación Reproductor	Técnico Inseminador	Identificación Hembra	Identificación Reproductor	Técnico Inseminador

Secados - Destetes

Identificación Hembra	Cría			Identificación Hembra	Cría		
	Sexo	Indentficación	Peso		Sexo	Indentficación	Peso

Muertes

Jóvenes				Jóvenes			
Identificación	Sexo	Identificación	Sexo	Identificación	Sexo	Identificación	Sexo

Comentarios: _____
_____
_____

ᖇ intar Ganadera

27 de Noviembre

Nº de Vacas en producción	
2 Ordeños	En secado

Producción de Leche		
am.	pm.	Total

Potrero en ocupación		
Identificación	Especie	Día de ocup.

Partos

Identificación Hembra	Condición Corporal	Cría			Observaciones
		Sexo	Indentificación	Peso	

Servicios

Identificación Hembra	Identificación Reproductor	Técnico Inseminador

Identificación Hembra	Identificación Reproductor	Técnico Inseminador

Secados - Destetes

Identificación Hembra	Cría		
	Sexo	Indentficación	Peso

Identificación Hembra	Cría		
	Sexo	Indentficación	Peso

Muertes

Jóvenes			
Identificación	Sexo	Identificación	Sexo

Jóvenes			
Identificación	Sexo	Identificación	Sexo

Comentarios: _____

_____

_____

28 de Noviembre

Nº de Vacas en producción	
2 Ordeños	En secado

Producción de Leche		
am.	pm.	Total

Potrero en ocupación		
Identificación	Especie	Día de ocup.

Partos

Identificación Hembra	Condición Corporal	Cría			Observaciones
		Sexo	Indentificación	Peso	

Servicios

Identificación Hembra	Identificación Reproductor	Técnico Inseminador

Identificación Hembra	Identificación Reproductor	Técnico Inseminador

Secados - Destetes

Identificación Hembra	Cría		
	Sexo	Indentficación	Peso

Identificación Hembra	Cría		
	Sexo	Indentficación	Peso

Muertes

Jóvenes			
Identificación	Sexo	Identificación	Sexo

Jóvenes			
Identificación	Sexo	Identificación	Sexo

Comentarios: _____

_____

_____

Ʊ intar Ganadera

29 de Noviembre

Nº de Vacas en producción	
2 Ordeños	En secado

Producción de Leche				Potrero en ocupación		
am.	pm.	Total		Identificación	Especie	Día de ocup.

Partos

Identificación Hembra	Condición Corporal	Cría			Observaciones
		Sexo	Indentificación	Peso	

Servicios

Identificación Hembra	Identificación Reproductor	Técnico Inseminador	Identificación Hembra	Identificación Reproductor	Técnico Inseminador

Secados - Destetes

Identificación Hembra	Cría			Identificación Hembra	Cría		
	Sexo	Indentficación	Peso		Sexo	Indentficación	Peso

Muertes

Jóvenes				Jóvenes			
Identificación	Sexo	Identificación	Sexo	Identificación	Sexo	Identificación	Sexo

Comentarios: _____

_____

_____

30 ^{de} Noviembre

N° de Vacas en producción	
2 Ordeños	En secado

Producción de Leche				Potrero en ocupación		
am.	pm.	Total		Identificación	Especie	Día de ocup.

Partos

Identificación Hembra	Condición Corporal	Cría			Observaciones
		Sexo	Indentificación	Peso	

Servicios

Identificación Hembra	Identificación Reproductor	Técnico Inseminador	Identificación Hembra	Identificación Reproductor	Técnico Inseminador

Secados - Destetes

Identificación Hembra	Cría			Identificación Hembra	Cría		
	Sexo	Indentficación	Peso		Sexo	Indentficación	Peso

Muertes

Jóvenes				Jóvenes			
Identificación	Sexo	Identificación	Sexo	Identificación	Sexo	Identificación	Sexo

Comentarios: _____

_____

_____

 **Ganadera**

Resumen de Eventos Diarios
(Registro Cuantitativo Noviembre)

Día	Hembras Paridas	Nacimientos		Hembras Secadas	Terneros destetados		Mortalidad Adultos	Mortalidad jóvenes		Ventas	Compras
		M	H		M	H		M	H		
1											
2											
3											
4											
5											
6											
7											
8											
9											
10											
11											
12											
13											
14											
15											
16											
17											
18											
19											
20											
21											
22											
23											
24											
25											
26											
27											
28											
29											
30											
31											
To-tal											

Control Mensual del Rebaño

Noviembre

	Reproductores	Hembras		Novillos	Novillas	Terneros Destetados	Terneras Destetadas	Terneros lactantes		Total	
		Prod.	Secas					H	M	Cabezas	U.A.
Existencia Anterior											
Nacimientos											
Compras											
Mortalidad											
Ventas											
Cambio de Estado											
Balance											

Control de Prácticas Sanitarias

Noviembre

Vacunas

Vacunas	Fecha	N° Dosis Adultos	N° Dosis Jóvenes M	N° Dosis Jóvenes H	Fecha Vacunación	Laboratorio	Lote N°	Fecha Vencimiento de la Vacuna
Fiebre Aftosa								
Estomatitis Vesicular								
Brucelosis								
Clostridiales								
Leptospirosis								

Control Parasitario

Control Parasitario	Fecha	Dosis Adultos	Dosis Jóvenes	Via Administración	Fecha de Repetición
Endoparásitos					
Ectoparásitos					
Agentes Hemotropicos					

Pruebas Diagnosticas

Pruebas Diagnosticas	Fecha	N° de Pruebas Adultos	N° de Pruebas Jóvenes	N° de Reacciones Positivas	Fecha de Repetición de la prueba
P. Brucelosis					
P. Tuberculina					
P. Mastitis					

 **intar** Ganadera

Resumen Mensual Noviembre
(Producción y Eventos)

Venta	Producción Total (L)	N° Días	Producción Prom./Día	N° Prom.Vacas Ord./Día	Producciones Vaca/Ord./Día
Leche					

Venta de Carne	N° Animales	Kg Totales	Precio Venta	Total Ingreso
Reproductores (Descarte)				
Hembras (Descarte)				
Novillos				
Novillas				
Terneros(as) Destetados				
Terneros(as) Lactantes				
Total General				

Evento	Total
Partos	

Evento	N° Machos	N° Hembras	Total
Nacimientos			

Evento	Inseminación Artificial N°	Monta Natural N°	Total
Servicios			

Evento	Reproductores	Hembras	Novillos Novillas	Terneros(as) Destetados	Terneros(as) Lactantes	Total
Muertes						

Comentarios: _____
_____
_____
_____
_____
_____

ᖗ intar Ganadera

1 de Diciembre

N° de Vacas en producción	
2 Ordeños	En secado

Producción de Leche		
am.	pm.	Total

Potrero en ocupación		
Identificación	Especie	Día de ocup.

Partos

Identificación Hembra	Condición Corporal	Cría			Observaciones
		Sexo	Indentificación	Peso	

Servicios

Identificación Hembra	Identificación Reproductor	Técnico Inseminador	Identificación Hembra	Identificación Reproductor	Técnico Inseminador

Secados - Destetes

Identificación Hembra	Cría			Identificación Hembra	Cría		
	Sexo	Indentficación	Peso		Sexo	Indentficación	Peso

Muertes

Jóvenes				Jóvenes			
Identificación	Sexo	Identificación	Sexo	Identificación	Sexo	Identificación	Sexo

Comentarios: _____

_____

_____

2 ^{de} Diciembre

Nº de Vacas en producción	
2 Ordeños	En secado

Producción de Leche			
am.	pm.	Total

Potrero en ocupación		
Identificación	Especie	Día de ocup.

Partos

Identificación Hembra	Condición Corporal	Cría			Observaciones
		Sexo	Indentificación	Peso	

Servicios

Identificación Hembra	Identificación Reproductor	Técnico Inseminador

Identificación Hembra	Identificación Reproductor	Técnico Inseminador

Secados - Destetes

Identificación Hembra	Cría		
	Sexo	Indentficación	Peso

Identificación Hembra	Cría		
	Sexo	Indentficación	Peso

Muertes

Jóvenes			
Identificación	Sexo	Identificación	Sexo

Jóvenes			
Identificación	Sexo	Identificación	Sexo

Comentarios: _____
_____
_____

ʊ ɪɴᴛᴀʀ Ganadera

3 de Diciembre

Nº de Vacas en producción	
2 Ordeños	En secado

Producción de Leche		
am.	pm.	Total

Potrero en ocupación		
Identificación	Especie	Día de ocup.

Partos

Identificación Hembra	Condición Corporal	Cría			Observaciones
		Sexo	Indentificación	Peso	

Servicios

Identificación Hembra	Identificación Reproductor	Técnico Inseminador

Identificación Hembra	Identificación Reproductor	Técnico Inseminador

Secados - Destetes

Identificación Hembra	Cria		
	Sexo	Indentficación	Peso

Identificación Hembra	Cría		
	Sexo	Indentficación	Peso

Muertes

Jóvenes			
Identificación	Sexo	Identificación	Sexo

Jóvenes			
Identificación	Sexo	Identificación	Sexo

Comentarios: _____

_____

_____

4de Diciembre

Nº de Vacas en producción	
2 Ordeños	En secado

Producción de Leche		
am.	pm.	Total

Potrero en ocupación		
Identificación	Especie	Día de ocup.

Partos

Identificación Hembra	Condición Corporal	Cría			Observaciones
		Sexo	Indentificación	Peso	

Servicios

Identificación Hembra	Identificación Reproductor	Técnico Inseminador

Identificación Hembra	Identificación Reproductor	Técnico Inseminador

Secados - Destetes

Identificación Hembra	Cría		
	Sexo	Indentficación	Peso

Identificación Hembra	Cría		
	Sexo	Indentficación	Peso

Muertes

Jóvenes			
Identificación	Sexo	Identificación	Sexo

Jóvenes			
Identificación	Sexo	Identificación	Sexo

Comentarios: _____

_____

_____

5 de Diciembre

Nº de Vacas en producción	
2 Ordeños	En secado

Producción de Leche		
am.	pm.	Total

Potrero en ocupación		
Identificación	Especie	Día de ocup.

Partos

Identificación Hembra	Condición Corporal	Cría			Observaciones
		Sexo	Indentificación	Peso	

Servicios

Identificación Hembra	Identificación Reproductor	Técnico Inseminador

Identificación Hembra	Identificación Reproductor	Técnico Inseminador

Secados - Destetes

Identificación Hembra	Cría		
	Sexo	Indentficación	Peso

Identificación Hembra	Cría		
	Sexo	Indentficación	Peso

Muertes

Jóvenes			
Identificación	Sexo	Identificación	Sexo

Jóvenes			
Identificación	Sexo	Identificación	Sexo

Comentarios: _____
_____
_____

 **Ganadera**

6 ^{de} Diciembre

Nº de Vacas en producción	
2 Ordeños	En secado

Producción de Leche		
am.	pm.	Total

Potrero en ocupación		
Identificación	Especie	Día de ocup.

Partos

Identificación Hembra	Condición Corporal	Cría			Observaciones
		Sexo	Indentificación	Peso	

Servicios

Identificación Hembra	Identificación Reproductor	Técnico Inseminador

Identificación Hembra	Identificación Reproductor	Técnico Inseminador

Secados - Destetes

Identificación Hembra	Cría		
	Sexo	Indentficación	Peso

Identificación Hembra	Cría		
	Sexo	Indentficación	Peso

Muertes

Jóvenes			
Identificación	Sexo	Identificación	Sexo

Jóvenes			
Identificación	Sexo	Identificación	Sexo

Comentarios: _____

_____

_____

7 de Diciembre

N° de Vacas en producción	
2 Ordeños	En secado

Producción de Leche		
am.	pm.	Total

Potrero en ocupación		
Identificación	Especie	Día de ocup.

Partos

Identificación Hembra	Condición Corporal	Cría			Observaciones
		Sexo	Indentificación	Peso	

Servicios

Identificación Hembra	Identificación Reproductor	Técnico Inseminador	Identificación Hembra	Identificación Reproductor	Técnico Inseminador

Secados - Destetes

Identificación Hembra	Cría			Identificación Hembra	Cría		
	Sexo	Indentficación	Peso		Sexo	Indentficación	Peso

Muertes

Jóvenes				Jóvenes			
Identificación	Sexo	Identificación	Sexo	Identificación	Sexo	Identificación	Sexo

Comentarios: _____

_____

_____

8 de Diciembre

N° de Vacas en producción	
2 Ordeños	En secado

Producción de Leche		
am.	pm.	Total

Potrero en ocupación		
Identificación	Especie	Día de ocup.

Partos

Identificación Hembra	Condición Corporal	Cria			Observaciones
		Sexo	Indentificación	Peso	

Servicios

Identificación Hembra	Identificación Reproductor	Técnico Inseminador	Identificación Hembra	Identificación Reproductor	Técnico Inseminador

Secados - Destetes

Identificación Hembra	Cria			Identificación Hembra	Cria		
	Sexo	Indentficación	Peso		Sexo	Indentficación	Peso

Muertes

Jóvenes				Jóvenes			
Identificación	Sexo	Identificación	Sexo	Identificación	Sexo	Identificación	Sexo

Comentarios: _____

_____

_____

9 de Diciembre

N° de Vacas en producción	
2 Ordeños	En secado

Producción de Leche		
am.	pm.	Total

Potrero en ocupación		
Identificación	Especie	Día de ocup.

Partos

Identificación Hembra	Condición Corporal	Cría			Observaciones
		Sexo	Indentificación	Peso	

Servicios

Identificación Hembra	Identificación Reproductor	Técnico Inseminador

Identificación Hembra	Identificación Reproductor	Técnico Inseminador

Secados - Destetes

Identificación Hembra	Cría		
	Sexo	Indentficación	Peso

Identificación Hembra	Cría		
	Sexo	Indentficación	Peso

Muertes

Jóvenes			
Identificación	Sexo	Identificación	Sexo

Jóvenes			
Identificación	Sexo	Identificación	Sexo

Comentarios: _____

_____

_____

10 ^{de} Diciembre

Nº de Vacas en producción	
2 Ordeños	En secado

Producción de Leche		
am.	pm.	Total

Potrero en ocupación		
Identificación	Especie	Día de ocup.

Partos

Identificación Hembra	Condición Corporal	Cría			Observaciones
		Sexo	Indentificación	Peso	

Servicios

Identificación Hembra	Identificación Reproductor	Técnico Inseminador	Identificación Hembra	Identificación Reproductor	Técnico Inseminador

Secados - Destetes

Identificación Hembra	Cría			Identificación Hembra	Cría		
	Sexo	Indentficación	Peso		Sexo	Indentficación	Peso

Muertes

Jóvenes				Jóvenes			
Identificación	Sexo	Identificación	Sexo	Identificación	Sexo	Identificación	Sexo

Comentarios: _____

_____

_____

ᚹ inTar Ganadera

11 de Diciembre

Nº de Vacas en producción	
2 Ordeños	En secado

Producción de Leche		
am.	pm.	Total

Potrero en ocupación		
Identificación	Especie	Día de ocup.

Partos

Identificación Hembra	Condición Corporal	Cría			Observaciones
		Sexo	Indentificación	Peso	

Servicios

Identificación Hembra	Identificación Reproductor	Técnico Inseminador

Identificación Hembra	Identificación Reproductor	Técnico Inseminador

Secados - Destetes

Identificación Hembra	Cría		
	Sexo	Indentficación	Peso

Identificación Hembra	Cría		
	Sexo	Indentficación	Peso

Muertes

Jóvenes			
Identificación	Sexo	Identificación	Sexo

Jóvenes			
Identificación	Sexo	Identificación	Sexo

Comentarios: _____

_____

_____

12 ^{de} Diciembre

Nº de Vacas en producción	
2 Ordeños	En secado

Producción de Leche		
am.	pm.	Total

Potrero en ocupación		
Identificación	Especie	Día de ocup.

Partos

Identificación Hembra	Condición Corporal	Cría			Observaciones
		Sexo	Indentificación	Peso	

Servicios

Identificación Hembra	Identificación Reproductor	Técnico Inseminador

Identificación Hembra	Identificación Reproductor	Técnico Inseminador

Secados - Destetes

Identificación Hembra	Cría		
	Sexo	Indentficación	Peso

Identificación Hembra	Cría		
	Sexo	Indentficación	Peso

Muertes

Jóvenes			
Identificación	Sexo	Identificación	Sexo

Jóvenes			
Identificación	Sexo	Identificación	Sexo

Comentarios: _____
_____
_____

Ʉ InTar Ganadera

13 ^{de} Diciembre

Nº de Vacas en producción	
2 Ordeños	En secado

Producción de Leche		
am.	pm.	Total

Potrero en ocupación		
Identificación	Especie	Día de ocup.

Partos

Identificación Hembra	Condición Corporal	Cría			Observaciones
		Sexo	Indentificación	Peso	

Servicios

Identificación Hembra	Identificación Reproductor	Técnico Inseminador	Identificación Hembra	Identificación Reproductor	Técnico Inseminador

Secados - Destetes

Identificación Hembra	Cría			Identificación Hembra	Cría		
	Sexo	Indentificación	Peso		Sexo	Indentificación	Peso

Muertes

Jóvenes				Jóvenes			
Identificación	Sexo	Identificación	Sexo	Identificación	Sexo	Identificación	Sexo

Comentarios: _____

_____

_____

14 ^{de}Diciembre

N° de Vacas en producción	
2 Ordeños	En secado

Producción de Leche		
am.	pm.	Total

Potrero en ocupación		
Identificación	Especie	Día de ocup.

Partos

Identificación Hembra	Condición Corporal	Cría			Observaciones
		Sexo	Indentificación	Peso	

Servicios

Identificación Hembra	Identificación Reproductor	Técnico Inseminador

Identificación Hembra	Identificación Reproductor	Técnico Inseminador

Secados - Destetes

Identificación Hembra	Cría		
	Sexo	Indentficación	Peso

Identificación Hembra	Cría		
	Sexo	Indentficación	Peso

Muertes

Jóvenes			
Identificación	Sexo	Identificación	Sexo

Jóvenes			
Identificación	Sexo	Identificación	Sexo

Comentarios: _____

_____

_____

15 de Diciembre

N° de Vacas en producción	
2 Ordeños	En secado

Producción de Leche		
am.	pm.	Total

Potrero en ocupación		
Identificación	Especie	Día de ocup.

Partos

Identificación Hembra	Condición Corporal	Cría			Observaciones
		Sexo	Indentificación	Peso	

Servicios

Identificación Hembra	Identificación Reproductor	Técnico Inseminador

Identificación Hembra	Identificación Reproductor	Técnico Inseminador

Secados - Destetes

Identificación Hembra	Cría		
	Sexo	Indentficación	Peso

Identificación Hembra	Cría		
	Sexo	Indentficación	Peso

Muertes

Jóvenes			
Identificación	Sexo	Identificación	Sexo

Jóvenes			
Identificación	Sexo	Identificación	Sexo

Comentarios: _____

_____

_____

16 ^{de} Diciembre

N° de Vacas en producción	
2 Ordeños	En secado

Producción de Leche			Potrero en ocupación		
am.	pm.	Total	Identificación	Especie	Día de ocup.

Partos

Identificación Hembra	Condición Corporal	Cría			Observaciones
		Sexo	Indentificación	Peso	

Servicios

Identificación Hembra	Identificación Reproductor	Técnico Inseminador	Identificación Hembra	Identificación Reproductor	Técnico Inseminador

Secados - Destetes

Identificación Hembra	Cría			Identificación Hembra	Cría		
	Sexo	Indentficación	Peso		Sexo	Indentficación	Peso

Muertes

Jóvenes				Jóvenes			
Identificación	Sexo	Identificación	Sexo	Identificación	Sexo	Identificación	Sexo

Comentarios: _____

_____

_____

♉ inta Ganadera

17 de Diciembre

N° de Vacas en producción	
2 Ordeños	En secado

Producción de Leche		
am.	pm.	Total

Potrero en ocupación		
Identificación	Especie	Día de ocup.

Partos

Identificación Hembra	Condición Corporal	Cría			Observaciones
		Sexo	Indentificación	Peso	

Servicios

Identificación Hembra	Identificación Reproductor	Técnico Inseminador

Identificación Hembra	Identificación Reproductor	Técnico Inseminador

Secados - Destetes

Identificación Hembra	Cría		
	Sexo	Indentficación	Peso

Identificación Hembra	Cría		
	Sexo	Indentficación	Peso

Muertes

Jóvenes			
Identificación	Sexo	Identificación	Sexo

Jóvenes			
Identificación	Sexo	Identificación	Sexo

Comentarios: _____
_____
_____

Intar Ganadera

18 de Diciembre

Nº de Vacas en producción	
2 Ordeños	En secado

Producción de Leche		
am.	pm.	Total

Potrero en ocupación		
Identificación	Especie	Día de ocup.

Partos

Identificación Hembra	Condición Corporal	Cría			Observaciones
		Sexo	Indentificación	Peso	

Servicios

Identificación Hembra	Identificación Reproductor	Técnico Inseminador

Identificación Hembra	Identificación Reproductor	Técnico Inseminador

Secados - Destetes

Identificación Hembra	Cría		
	Sexo	Indentificación	Peso

Identificación Hembra	Cría		
	Sexo	Indentificación	Peso

Muertes

Jóvenes			
Identificación	Sexo	Identificación	Sexo

Jóvenes			
Identificación	Sexo	Identificación	Sexo

Comentarios: _____

ᐁ ɪnⲧɑr Ganadera

19 de Diciembre

Nº de Vacas en producción	
2 Ordeños	En secado

Producción de Leche			Potrero en ocupación		
am.	pm.	Total	Identificación	Especie	Día de ocup.

Partos

Identificación Hembra	Condición Corporal	Cría			Observaciones
		Sexo	Indentificación	Peso	

Servicios

Identificación Hembra	Identificación Reproductor	Técnico Inseminador	Identificación Hembra	Identificación Reproductor	Técnico Inseminador

Secados - Destetes

Identificación Hembra	Cría			Identificación Hembra	Cría		
	Sexo	Indentficación	Peso		Sexo	Indentficación	Peso

Muertes

Jóvenes				Jóvenes			
Identificación	Sexo	Identificación	Sexo	Identificación	Sexo	Identificación	Sexo

Comentarios: _____

_____

_____

☗ **inTar** Ganadera

20 ^{de} Diciembre

Nº de Vacas en producción	
2 Ordeños	En secado

Producción de Leche		
am.	pm.	Total

Potrero en ocupación		
Identificación	Especie	Día de ocup.

Partos

Identificación Hembra	Condición Corporal	Cría			Observaciones
		Sexo	Indentificación	Peso	

Servicios

Identificación Hembra	Identificación Reproductor	Técnico Inseminador

Identificación Hembra	Identificación Reproductor	Técnico Inseminador

Secados - Destetes

Identificación Hembra	Cría		
	Sexo	Indentficación	Peso

Identificación Hembra	Cría		
	Sexo	Indentficación	Peso

Muertes

Jóvenes			
Identificación	Sexo	Identificación	Sexo

Jóvenes			
Identificación	Sexo	Identificación	Sexo

Comentarios: _____
_____
_____

Intar Ganadera

21 de Diciembre

Nº de Vacas en producción	
2 Ordeños	En secado

Producción de Leche		
am.	pm.	Total

Potrero en ocupación		
Identificación	Especie	Día de ocup.

Partos

Identificación Hembra	Condición Corporal	Cría			Observaciones
		Sexo	Indentificación	Peso	

Servicios

Identificación Hembra	Identificación Reproductor	Técnico Inseminador

Identificación Hembra	Identificación Reproductor	Técnico Inseminador

Secados - Destetes

Identificación Hembra	Cría		
	Sexo	Indentficación	Peso

Identificación Hembra	Cría		
	Sexo	Indentficación	Peso

Muertes

Jóvenes			
Identificación	Sexo	Identificación	Sexo

Jóvenes			
Identificación	Sexo	Identificación	Sexo

Comentarios: _____

_____

_____

22 ^{de} Diciembre

Nº de Vacas en producción	
2 Ordeños	En secado

Producción de Leche			
am.	pm.		Total

Potrero en ocupación		
Identificación	Especie	Día de ocup.

Partos

Identificación Hembra	Condición Corporal	Cría			Observaciones
		Sexo	Indentificación	Peso	

Servicios

Identificación Hembra	Identificación Reproductor	Técnico Inseminador

Identificación Hembra	Identificación Reproductor	Técnico Inseminador

Secados - Destetes

Identificación Hembra	Cría		
	Sexo	Indentficación	Peso

Identificación Hembra	Cría		
	Sexo	Indentficación	Peso

Muertes

Jóvenes			
Identificación	Sexo	Identificación	Sexo

Jóvenes			
Identificación	Sexo	Identificación	Sexo

Comentarios: _____

ᗐ ɪnᴛɑr Ganadera

23 de Diciembre

Nº de Vacas en producción	
2 Ordeños	En secado

Producción de Leche				Potrero en ocupación		
am.	pm.	Total		Identificación	Especie	Día de ocup.

Partos

Identificación Hembra	Condición Corporal	Cría			Observaciones
		Sexo	Indentificación	Peso	

Servicios

Identificación Hembra	Identificación Reproductor	Técnico Inseminador	Identificación Hembra	Identificación Reproductor	Técnico Inseminador

Secados - Destetes

Identificación Hembra	Cría			Identificación Hembra	Cría		
	Sexo	Indentficación	Peso		Sexo	Indentficación	Peso

Muertes

Jóvenes				Jóvenes			
Identificación	Sexo	Identificación	Sexo	Identificación	Sexo	Identificación	Sexo

Comentarios: _____

_____

_____

24 de Diciembre

Nº de Vacas en producción	
2 Ordeños	En secado

Producción de Leche		
am.	pm.	Total

Potrero en ocupación		
Identificación	Especie	Día de ocup.

Partos

Identificación Hembra	Condición Corporal	Cría			Observaciones
		Sexo	Indentificación	Peso	

Servicios

Identificación Hembra	Identificación Reproductor	Técnico Inseminador	Identificación Hembra	Identificación Reproductor	Técnico Inseminador

Secados - Destetes

Identificación Hembra	Cría			Identificación Hembra	Cría		
	Sexo	Indentficación	Peso		Sexo	Indentficación	Peso

Muertes

Jóvenes				Jóvenes			
Identificación	Sexo	Identificación	Sexo	Identificación	Sexo	Identificación	Sexo

Comentarios: _____

_____

_____

Intar Ganadera

25 de Diciembre

Nº de Vacas en producción	
2 Ordeños	En secado

Producción de Leche		
am.	pm.	Total

Potrero en ocupación		
Identificación	Especie	Día de ocup.

Partos

Identificación Hembra	Condición Corporal	Cría			Observaciones
		Sexo	Indentificación	Peso	

Servicios

Identificación Hembra	Identificación Reproductor	Técnico Inseminador	Identificación Hembra	Identificación Reproductor	Técnico Inseminador

Secados - Destetes

Identificación Hembra	Cría			Identificación Hembra	Cría		
	Sexo	Indentficación	Peso		Sexo	Indentficación	Peso

Muertes

Jóvenes				Jóvenes			
Identificación	Sexo	Identificación	Sexo	Identificación	Sexo	Identificación	Sexo

Comentarios: _____

_____

_____

26 ^{de} Diciembre

Nº de Vacas en producción	
2 Ordeños	En secado

Producción de Leche

am.	pm.	Total

Potrero en ocupación

Identificación	Especie	Día de ocup.

Partos

Identificación Hembra	Condición Corporal	Cría			Observaciones
		Sexo	Indentificación	Peso	

Servicios

Identificación Hembra	Identificación Reproductor	Técnico Inseminador	Identificación Hembra	Identificación Reproductor	Técnico Inseminador

Secados - Destetes

Identificación Hembra	Cría			Identificación Hembra	Cría		
	Sexo	Indentficación	Peso		Sexo	Indentficación	Peso

Muertes

Jóvenes				Jóvenes			
Identificación	Sexo	Identificación	Sexo	Identificación	Sexo	Identificación	Sexo

Comentarios: _____

_____

_____

ᗡ Intar Ganadera

27 de Diciembre

Nº de Vacas en producción	
2 Ordeños	En secado

Producción de Leche		
am.	pm.	Total

Potrero en ocupación		
Identificación	Especie	Día de ocup.

Partos

Identificación Hembra	Condición Corporal	Cría			Observaciones
		Sexo	Indentificación	Peso	

Servicios

Identificación Hembra	Identificación Reproductor	Técnico Inseminador

Identificación Hembra	Identificación Reproductor	Técnico Inseminador

Secados - Destetes

Identificación Hembra	Cría		
	Sexo	Indentficación	Peso

Identificación Hembra	Cría		
	Sexo	Indentficación	Peso

Muertes

Jóvenes			
Identificación	Sexo	Identificación	Sexo

Jóvenes			
Identificación	Sexo	Identificación	Sexo

Comentarios: _____
_____
_____

28 de Diciembre

Nº de Vacas en producción	
2 Ordeños	En secado

Producción de Leche		
am.	pm.	Total

Potrero en ocupación		
Identificación	Especie	Día de ocup.

Partos

Identificación Hembra	Condición Corporal	Cría			Observaciones
		Sexo	Indentificación	Peso	

Servicios

Identificación Hembra	Identificación Reproductor	Técnico Inseminador	Identificación Hembra	Identificación Reproductor	Técnico Inseminador

Secados - Destetes

Identificación Hembra	Cría			Identificación Hembra	Cría		
	Sexo	Indentficación	Peso		Sexo	Indentficación	Peso

Muertes

Jóvenes				Jóvenes			
Identificación	Sexo	Identificación	Sexo	Identificación	Sexo	Identificación	Sexo

Comentarios: _____

_____

_____

ᗄ intar Ganadera

29 de Diciembre

N° de Vacas en producción	
2 Ordeños	En secado

Producción de Leche			Potrero en ocupación		
am.	pm.	Total	Identificación	Especie	Día de ocup.

Partos

Identificación Hembra	Condición Corporal	Cría			Observaciones
		Sexo	Indentificación	Peso	

Servicios

Identificación Hembra	Identificación Reproductor	Técnico Inseminador	Identificación Hembra	Identificación Reproductor	Técnico Inseminador

Secados - Destetes

Identificación Hembra	Cría			Identificación Hembra	Cría		
	Sexo	Indentficación	Peso		Sexo	Indentficación	Peso

Muertes

Jóvenes				Jóvenes			
Identificación	Sexo	Identificación	Sexo	Identificación	Sexo	Identificación	Sexo

Comentarios: _____

_____

_____

30 ^{de}Diciembre

Nº de Vacas en producción	
2 Ordeños	En secado

Producción de Leche		
am.	pm.	Total

Potrero en ocupación		
Identificación	Especie	Día de ocup.
	.	

Partos

Identificación Hembra	Condición Corporal	Cría			Observaciones
		Sexo	Indentificación	Peso	

Servicios

Identificación Hembra	Identificación Reproductor	Técnico Inseminador	Identificación Hembra	Identificación Reproductor	Técnico Inseminador

Secados - Destetes

Identificación Hembra	Cría			Identificación Hembra	Cría		
	Sexo	Indentficación	Peso		Sexo	Indentficación	Peso

Muertes

Jóvenes				Jóvenes			
Identificación	Sexo	Identificación	Sexo	Identificación	Sexo	Identificación	Sexo

Comentarios: _____

_____

_____

ᗺ INTA Ganadera

31 ^{de} Diciembre

N° de Vacas en producción	
2 Ordeños	En secado

Producción de Leche		
am.	pm.	Total

Potrero en ocupación		
Identificación	Especie	Día de ocup.

Partos

Identificación Hembra	Condición Corporal	Cría			Observaciones
		Sexo	Indentificación	Peso	

Servicios

Identificación Hembra	Identificación Reproductor	Técnico Inseminador	Identificación Hembra	Identificación Reproductor	Técnico Inseminador

Secados - Destetes

Identificación Hembra	Cría			Identificación Hembra	Cría		
	Sexo	Indentficación	Peso		Sexo	Indentficación	Peso

Muertes

Jóvenes				Jóvenes			
Identificación	Sexo	Identificación	Sexo	Identificación	Sexo	Identificación	Sexo

Comentarios: _____

_____

_____

Resumen de Eventos Diarios
(Registro Cuantitativo Diciembre)

Día	Hembras Paridas	Nacimientos		Hembras Secadas	Terneros destetados		Mortalidad Adultos	Mortalidad jóvenes		Ventas	Compras
		M	H		M	H		M	H		
1											
2											
3											
4											
5											
6											
7											
8											
9											
10											
11											
12											
13											
14											
15											
16											
17											
18											
19											
20											
21											
22											
23											
24											
25											
26											
27											
28											
29											
30											
31											
Total											

Control Mensual del Rebaño

Diciembre

	Reproductores	Hembras		Novillos	Novillas	Terneros Destetados	Terneras Destetadas	Terneros lactantes		Total	
		Prod.	Secas					H	M	Cabezas	U.A.
Existencia Anterior											
Nacimientos											
Compras											
Mortalidad											
Ventas											
Cambio de Estado											
Balance											

Control de Prácticas Sanitarias

Diciembre

Vacunas	Fecha	N° Dosis			Fecha Vacunación	Laboratorio	Lote N°	Fecha Vencimiento de la Vacuna
		Adultos	Jóvenes					
			M	H				
Fiebre Aftosa								
Estomatitis Vesicular								
Brucelosis								
Clostridiales								
Leptospirosis								

Control Parasitario	Fecha	Dosis		Via Administración	Fecha de Repetición
		Adultos	Jóvenes		
Endoparasitos					
Ectoparasitos					
Agentes Hemotropicos					

Pruebas Diagnosticas	Fecha	N° de Pruebas		N° de Reacciones Positivas	Fecha de Repetición de la prueba
		Adultos	Jóvenes		
P. Brucelosis					
P. Tuberculina					
P. Mastitis					

 **Ganadera**

Resumen Mensual Diciembre
(Producción y Eventos)

Venta	Producción Total (L)	N° Días	Producción Prom./Día	N° Prom. Vacas Ord./Día	Producciones Vaca/Ord./Día
Leche					

Venta de Carne	N° Animales	Kg Totales	Precio Venta	Total Ingreso
Reproductores (Descarte)				
Hembras (Descarte)				
Novillos				
Novillas				
Terneros(as) Destetados				
Terneros(as) Lactantes				
Total General				

Evento	Total
Partos	

Evento	N° Machos	N° Hembras	Total
Nacimientos			

Evento	Inseminación Artificial N°	Monta Natural N°	Total
Servicios			

Evento	Reproductores	Hembras	Novillos Novillas	Terneros(as) Destetados	Terneros(as) Lactantes	Total
Muertes						

Comentarios: _____
_____
_____
_____
_____
_____

 **intar** Ganadera

Resumen Anual
(Producción y Eventos)

Venta	Producción Total (L)	Nº Días	Producción Prom./Día	Nº Prom.Vacas Ord./Día	Producciones Vaca/Ord./Día
Leche					

Venta de Carne	Nº Animales	Kg Totales	Precio Venta	Total Ingreso
Reproductores (Descarte)				
Hembras (Descarte)				
Novillos				
Novillas				
Terneros(as) Destetados				
Terneros(as) Lactantes				
Total General				

Evento	Total
Partos	

Evento	Nº Machos	Nº Hembras	Total
Nacimientos			

Evento	Inseminación Artificial Nº	Monta Natural Nº	Total
Servicios			

Evento	Reproductores	Hembras	Novillos Novillas	Terneros(as) Destetados	Terneros(as) Lactantes	Total
Muertes						

Comentarios: _____
_____
_____
_____
_____
_____

Notas

Notas

Notas

Notas

Notas

Notas

Notas

www.ingramcontent.com/pod-product-compliance
Lightning Source LLC
Chambersburg PA
CBHW020852180526
45163CB00007B/2479